DE LA SIGNIFICATION MORPHOLOGIQUE

DE LA

VRILLE DE LA VIGNE VIERGE [1]

Par M. G. DUTAILLY

Licencié ès sciences naturelles.

Il est peu de questions botaniques, assurément, qui aient donné lieu à plus de controverses que celle de la nature réelle des vrilles des Ampélidées et des Cucurbitacées.

Bien que l'on ait pu dire, presque à juste titre, que toutes les opinions ont été émises sur ce sujet, nous venons en apporter une nouvelle, relativement à la signification morphologique des vrilles de la Vigne vierge (*Ampelopsis quinquefolia* Kern). Nous glisserons rapidement sur les opinions émises jusqu'ici sur cette matière, puisque, de l'avis de tous, elles ne rendent qu'un compte imparfait de la répartition des vrilles sur la tige.

La nature axile de la vrille ne fit, même dès le principe, de doute pour personne. L'analogie qu'elle présente avec les axes fructifères le prouvait d'une façon péremptoire.

Ce point acquis, on voulut s'enquérir de la provenance de l'axe ainsi modifié, et l'on émit cette idée que la vrille était un axe dévié de sa position, déjeté latéralement par un axe secondaire par rapport au premier, et qui avait pris naissance à l'aisselle de la feuille placée à la partie inférieure de l'axe primaire.

Cette idée eut longtemps cours dans la science et n'a été abandonnée que depuis quelques années, succombant aux objections d'un certain nombre de botanistes, et particulièrement de M. Prillieux.

Nous ne reproduisons point ici ces objections, des mieux fondées

(1) Publié dans l'*Adansonia*, t. X, p. 10-17.

d'ailleurs, et dont nous nous plaisons à reconnaître la parfaite justesse. Mais, à la place de la théorie qu'il avait contribué à renverser, M. Prillieux en voulut édifier une autre qui ne supporte pas l'examen, comme nous allons essayer de le démontrer.

D'après cet observateur, l'axe subit une sorte de partition et se bifurque au niveau de l'une des feuilles qui chargent les rameaux. L'une des branches de bifurcation s'atrophie, pour ainsi dire, et se métamorphose en vrille. L'autre, prenant un accroissement plus rapide et plus complet, se charge de feuilles et s'allonge en prolongement direct de l'axe principal.

Or, dans toute cyme bipare, au point où la tige se bifurque, se trouvent deux feuilles ou bractées opposées. M. Prillieux, qui, à la base de sa prétendue dichotomisation, ne trouve qu'une seule feuille opposée à la vrille, tandis que régulièrement la vrille, elle aussi, devrait se trouver à l'aisselle d'une feuille, nous semble donc baser son explication sur un fait possible assurément, mais très-anormal d'ailleurs.

De plus, cette manière d'envisager la formation de la vrille ne saurait tout au plus expliquer qu'un seul fait : la présence d'une vrille vis-à-vis d'une feuille. Elle n'aboutit à rien de plus. Et cependant, dans cette tige singulière, les faits inexpliqués abondent. Il semble que tout y soit en désaccord avec l'aspect et la disposition ordinaires des axes et appendices des dicotylédons.

Une courte description suffira pour nous le prouver.

Nous remarquons tout d'abord que certaines feuilles présentent une vrille en face de leur point d'insertion, tandis que d'autres en sont dépourvues. Si nous appelons A (pl. II, fig. 1) l'une de ces feuilles privées de vrilles oppositifoliées et que nous la supposions insérée sur l'axe à droite, nous trouverons au nœud suivant une feuille B située à gauche, et une vrille en face de cette dernière. Plus haut, à droite, une feuille C et une vrille 1' à gauche au même niveau. Au nœud suivant, une feuille D à gauche, ne présentant point de vrille vis-à-vis d'elle.

Nous avons ainsi parcouru quatre nœuds successifs. En continuant, nous verrions se reproduire les mêmes faits dans un ordre identique ; c'est-à-dire que, partant de la feuille D privée de vrille, nous verrions successivement deux feuilles avec vrilles opposées, puis une feuille dépourvue de vrille, et ainsi de suite.

Ce simple exposé suffit déjà à montrer bon nombre de faits pour l'explication desquels la théorie de M. Prillieux ne peut apporter aucun argument plausible. Pourquoi, en effet, les vrilles ne naissent-elles point à l'aisselle d'une feuille? D'où vient leur inégale répartition sur la tige? Pourquoi certains nœuds en sont-ils constamment dépourvus?

Tous ces faits étaient connus ; toutes ces objections avaient été soulevées sans qu'il fût possible d'y répondre d'une façon satisfaisante ; mais ce n'était point tout. Un examen plus attentif nous a montré que la question se compliquait encore davantage. Il est, en effet, à côté des particularités déjà observées et que nous venons de rappeler, un fait très-important à notre avis, fait qui n'avait, croyons-nous, nullement attiré l'attention des botanistes. Si nous écartons de l'axe la feuille A, nous trouvons à son aisselle deux bourgeons bien constitués : l'un, interne, petit, placé contre l'axe ; l'autre, externe, contigu au pétiole et d'une végétation notablement plus avancée.

Cette feuille, avons-nous déjà dit, ne présente pas de vrille en face d'elle. Si maintenant nous examinons l'aisselle de la feuille B, nous n'y rencontrons pas la moindre trace de bourgeons axillaires. Les feuilles suivantes C et D, au contraire, présentent chacune deux bourgeons inégalement développés, comme ceux que nous avons déjà signalés à la base de la feuille A. La feuille E qui vient au nœud suivant est dans le même cas que la feuille B, et ne présente point de bourgeons axillaires.

Nous pouvons donc poser ceci comme constant, c'est que : 1° Toute feuille insérée au nœud immédiatement supérieur à celui qui ne présente pas de vrille est dépourvue de bourgeons axillaires. 2° Toutes les autres feuilles en présentent deux, inégalement développés.

Mais il est encore d'autres faits sur lesquels nous tenons à appeler l'attention.

Les vrilles sont alternes sur la tige, mais seulement par petits groupes binaires, de sorte que l'on a d'abord deux vrilles 1 et 2, à droite; puis deux vrilles 1' et 2', à gauche; puis deux vrilles 1'' et 2'', à droite; etc.

Les deux vrilles qui forment chacun de ces groupes binaires sont toujours séparées l'une de l'autre par une feuille, conséquemment par deux mérithalles.

Considérons l'un de ces groupes, formé par exemple des vrilles 1' et 2'. Ces deux vrilles sont placées toutes deux à gauche de l'axe. Au nœud immédiatement inférieur à celui qui porte la vrille 1' se trouve une feuille également insérée à gauche de l'axe.

Notons-le bien : cette feuille est précisément celle qui ne présente jamais de bourgeons dans son aisselle. Il en est de même pour tout autre système binaire de vrilles.

Ainsi donc, nous nous trouvons en présence de faits nombreux, variés, sans liaison apparente au premier abord et que nous allons maintenant résumer, nous proposant, soit de les opposer les uns aux autres, soit de les grouper, pour que de leurs rapports, de leurs différences, de leur ensemble, nous puissions tirer des conséquences nettes et précises.

1° Les vrilles, de même que les bourgeons, présentent toujours une disposition binaire.

2° Fait rare dans le règne végétal, nous trouvons ici un certain nombre de feuilles toujours privées de bourgeons axillaires.

Par contre, nous voyons des axes, des vrilles, c'est-à-dire des bourgeons, naître sans présenter de feuille à leur base, fait dont l'étude des plantes ne nous offre également que de rares exemples.

3° C'est toujours immédiatement au-dessus d'une feuille sans bourgeons axillaires que se développe un système binaire de vrilles. En d'autres termes, au-dessus d'un appendice qui devrait présenter deux axes à son aisselle, nous trouvons toujours deux axes n'offrant point à leur base l'appendice qui, normalement, devrait s'y rencontrer.

Pourquoi ces feuilles sans bourgeons axillaires, ces axes sans feuilles à leur base, cette superposition exacte de deux vrilles à une feuille privée de ses deux bourgeons axillaires?

Ainsi posée, la question nous semble résolue.

Nous le savons, il existe des inflorescences bien connues, dans lesquelles un axe secondaire, entraîné avec le reste de la tige, quitte la bractée située primitivement à sa base, et ne se détache que plus haut, à une distance variable de cette bractée. Dans ces inflorescences, de même que dans la Vigne vierge, on trouve des bractées sans bourgeons axillaires, des axes sans bractées à leur point d'émergence.

Nous nous sommes demandé si la Vigne vierge ne présentait point des faits de même ordre, et voyant que la feuille B, par exemple, était privée de bourgeons axillaires quand chacune des deux feuilles immédiatement supérieures ou inférieures en était pourvue, nous avons voulu savoir si cette absence de bourgeons résultait de leur avortement ou de toute autre cause.

Si l'on fait, pour s'en assurer, une coupe longitudinale de la tige à la base de cette feuille B, on voit aisément qu'il n'existe à son aisselle aucun rudiment de bourgeons, et que les faisceaux fibro-vasculaires, destinés à les former, continuent leur marche en droite ligne du côté de la feuille D.

Une coupe analogue, passant par le point d'attache de la feuille D, nous montre nettement, comme dans toute tige ordinaire d'ailleurs, un certain nombre de faisceaux déviés pour pénétrer dans les deux bourgeons axillaires. En d'autres termes, si les faisceaux, à la base de la feuille D, forment deux bourgeons, nous les voyons au contraire, à la base de la feuille B, rester intimement unis aux faisceaux voisins.

Que deviennent ces faisceaux demeurés adhérents au reste de la tige et subissant une élongation proportionnée à la sienne?

Au-dessus de la feuille B, ne l'oublions pas, se trouvent les vrilles 1′ et 2′, formant l'un de ces systèmes binaires dont nous avons déjà parlé. La vrille 2′ est exactement superposée à la vrille 1′ et à la feuille B ; c'est encore un fait que nous avons constaté.

Eh bien ! pourquoi n'admettrions-nous pas que, des deux bourgeons qui devraient se trouver à l'aisselle de la feuille B, l'un, le bourgeon externe, a suivi la tige dans son accroissement en longueur et s'en est détaché bientôt pour constituer la vrille 1′? Pourquoi le bourgeon interne, subissant un étirement encore plus considérable, n'aurait-il pas été porté plus haut encore pour constituer la vrille 2′ ? Ainsi se trouverait expliquée la nature réelle de ces vrilles, sujet de tant de discussions.

Mais une hypothèse, pour qu'elle semble juste, pour qu'elle soit admissible, doit réunir deux conditions : 1° expliquer tous les faits auxquels elle s'applique ; 2° n'expliquer que ceux-là.

Voyons si la nôtre réalise ces deux conditions. Et d'abord explique-t-elle tous les faits auxquels elle s'applique? Ces faits, nous allons les passer successivement en revue.

Comme l'a montré M. Prillieux, chaque rameau est formé d'un seul et même axe suivant toute sa longueur, et la vrille n'est point l'axe principal déjeté par suite de l'accroissement du bourgeon axillaire.

Il ne se produit point de partition de l'axe, ainsi que le voulait la théorie de M. Prillieux, et les vrilles ont une tout autre origine.

Elles rentrent en effet dans la classe des bourgeons axillaires. Chaque série de deux vrilles consécutives provient de deux bourgeons axillaires qui, au lieu de sortir comme d'habitude à l'aisselle d'une feuille, sont restés accolés à la tige, se sont allongés avec elle, et ne s'en sont séparés que plus haut, à des hauteurs inégales. Ainsi s'explique ce fait que certaines feuilles, régulièrement disposées, ne présentent pas de bourgeons axillaires.

Si les vrilles ne portent point de feuilles à leur base, cela provient encore de ce même phénomène d'élongation. Les deux vrilles 1′ et 2′, par exemple, ont quitté la feuille B, qui aurait dû s'insérer à leur base. Il n'en est pas moins vrai que, morphologiquement, ces deux vrilles doivent être considérées comme répondant à l'aisselle de cette feuille B.

De ce qui précède, on peut également conclure que les feuilles C, D, F, qui présentent à leur aisselle deux bourgeons axillaires normaux, ne fourniront jamais de vrilles. Et cette simple remarque nous conduit à expliquer immédiatement l'absence de vrille en face de la feuille G, par exemple. Il suffit, en effet, de jeter les yeux sur le dessin schématique pour s'assurer que la feuille F étant munie de ses deux bourgeons axillaires, ne peut fournir aucune vrille vis-à-vis de la feuille G.

D'autre part, les deux bourgeons de la feuille B ont donné naissance aux vrilles 1' et 2'. Il ne reste donc plus de faisceaux fibro-vasculaires disponibles, pour ainsi dire, et la feuille G demeure forcément dépourvue de vrille oppositifoliée.

En dernier lieu, il nous est aisé de prouver que la répartition des feuilles et des vrilles, qui semble si bizarre à première vue, ne diffère pas au fond de la disposition fort simple que nous offrent les rameaux d'un grand nombre de plantes à feuilles distiques alternes, l'Orme par exemple.

Par la pensée, en effet, ramenons à leur état primitif les deux vrilles sorties de deux bourgeons; supposons ces bourgeons réunis à leur place naturelle, c'est-à-dire à l'aisselle d'une feuille, comme le sont les bourgeons à l'aisselle de la plupart des autres feuilles, et nous serons ainsi revenus au type dont l'Orme nous donne un exemple, type dans lequel doit rentrer désormais la Vigne vierge, malgré toutes les apparences.

Nous croyons avoir ainsi donné l'explication de tous les faits relatifs à la disposition des feuilles et des vrilles de la Vigne vierge. En outre, il est évident que la théorie que nous adoptons s'applique uniquement à la Vigne vierge, puisque la transposition d'une vrille, l'absence d'un bourgeon à l'aisselle d'une des feuilles qui en sont pourvues, suffiraient pour la détruire de fond en comble.

Quant à pénétrer plus avant dans l'organisation du végétal pour y chercher les causes qui peuvent amener deux bourgeons axillaires, soit à émerger à des hauteurs différentes, soit à sortir d'une manière normale à l'aisselle de la feuille, toutes choses qui tiennent à l'essence même de la plante, on comprendra que nous ne tentions point de donner une explication que nous jugeons, à bon droit, pour le moment impossible.

Il est un fait sur lequel nous insisterons très-particulièrement en terminant : c'est que l'interprétation que nous venons de donner avait été tout au moins prévue par M. Baillon.

Si nous nous reportons, en effet, à son *Etude sur les Mappiées* (1), nous y trouverons la description très-précise d'inflorescences analogues présentées par le genre *Icacina*. Après avoir expliqué la nature et l'origine de ces inflorescences, M. Baillon conclut en disant : « Ce fait est d'ailleurs très-fréquent dans le » règne végétal. C'est par lui qu'on arrivera, sans doute, à expli- » quer d'une manière simple et uniforme un grand nombre d'in- » florescences à position anormale, la situation des vrilles des » Cucurbitacées, des Ampélidées, etc... »

En tout cas, c'est en nous inspirant des idées de notre savant maître sur l'étirement et l'élongation des tissus, en dehors de toute véritable soudure, que nous sommes arrivé au résultat exposé plus haut ; et nous le reconnaissons avec d'autant plus de plaisir, que ces idées ont été jusqu'ici ignorées ou surtout méconnues.

(1) *Adansonia*, III, 371.

DE LA

SIGNIFICATION MORPHOLOGIQUE DE LA VRILLE

DES AMPÉLIDÉES [1]

Par M. G. DUTAILLY.

Nous avons, dans le tome X de ce recueil (2), publié une note intitulée : « *De la signification morphologique de la vrille de la Vigne vierge* », dans laquelle, rejetant comme insuffisantes ou peu justifiées les théories successivement émises par Aug. de Saint-Hilaire et par M. Prillieux, nous envisagions la vrille comme un bourgeon modifié, n'émergeant point au niveau de sa feuille axillante, mais demeurant conné avec la tige pour s'en détacher, tantôt au nœud immédiatement supérieur, tantôt deux nœuds plus haut que ce dernier.

Quoique cette théorie nous parût rendre un compte exact et complet des phénomènes de distribution des vrilles et des bourgeons de la Vigne vierge, nous n'avions point la présomption de penser qu'elle pût être à l'abri de toute critique. Ne laissait-elle point prise, par exemple, aux objections de M. Prillieux sous lesquelles avait succombé l'interprétation d'Aug. Saint-Hilaire?

En outre, et pour que l'explication que nous proposions fût plus nette et plus lucide, nous nous étions renfermé dans d'étroites limites, nous bornant au simple exposé de la solution sans presque aborder le chapitre des objections, même celles que de prime abord il nous eût été facile de résoudre. N'était-on point en droit par conséquent de nous demander compte du silence que nous gardions à propos de la Vigne et des autres Ampélidées?

(1) Extrait de l'*Adansonia*, XI.
(2) *Adansonia*, X, 10-17.

Aucune voix cependant ne s'étant élevée pour défendre les théories précédemment émises, nous hésiterions à revenir sur ce que nous écrivions il y a deux ans, si, en même temps qu'une réponse aux objections possibles, de nouvelles études ne nous avaient apporté quelques faits curieux et révélé certaines anomalies qu'il nous semble utile de faire connaître.

Notre thèse se réduira à ceci : 1° Prouver, en nous appuyant sur une étude complète des bourgeons normaux, des vrilles et des inflorescences dans la famille des Ampélidées, que les objections soulevées par M. Prillieux contre la théorie d'Aug. Saint-Hilaire se trouvent sans efficacité contre celle que nous soutenons. 2° Tout en constatant, grâce à cette étude, des variations notables dans le mode de distribution des bourgeons et des vrilles, montrer que partout néanmoins cette distribution obéit aux lois, plus ou moins déguisées, qui président à l'arrangement réciproque des bourgeons et des vrilles de la Vigne vierge.

Chemin faisant, nous aurons à signaler comme particularités rares ou même sans exemple jusqu'ici : la réunion des stipules avec la feuille, ou bien leur séparation absolue, sur la même plante ; l'existence de bourgeons axillaires à feuilles distiques placées exactement dans le même plan que celles de l'axe principal, plan qu'elles croisent d'ordinaire. Nous établirons les différences tranchées qui existent entre la vrille et l'inflorescence de la Vigne et qui ne consistent point seulement, comme on le dit, en une production plus considérable d'axes devenus fructifères. Nous examinerons enfin celles, très-caractéristiques également, qui séparent l'inflorescence de la Vigne de celle de la Vigne vierge.

I

BOURGEONS DES AMPÉLIDÉES.

On sait quelle importance nous avons, dans notre note sur la vrille de la Vigne vierge, attribuée au mode de répartition des bourgeons à l'aisselle des feuilles de cette plante. S'il est juste de dire que la vrille, envisagée par rapport à sa distribution, a été l'objet de travaux assez approfondis, on peut d'autre part affirmer que l'étude des bourgeons des Ampélidées, à quelque point de vue qu'on se soit placé, a été par contre à peine effleurée. On jugera de l'incertitude qui règne à ce sujet par les citations suivantes extraites des mémoires les plus récemment publiés sur la vrille de la Vigne commune. M. Prillieux, décrivant les bourgeons de cette plante, écrit ce qui suit (1) : « M. Al. Braun est, sans contredit, de tous les auteurs qui ont écrit sur la question, celui qui l'a le plus scrupuleusement étudiée ; l'existence normale d'un bourgeon à l'aisselle de chaque feuille ne lui a pas échappé. » « Souvent, au lieu d'un seul bourgeon axillaire, dit le même auteur deux pages plus haut (2), il semble qu'il y en ait deux ou même trois collatéraux... » — M. Lestiboudois, dont le mémoire parut six mois après celui de M. Prillieux, exprime une opinion quelque peu différente : « Dans les Vignes et les *Cissus*, dit-il (3), les feuilles sont distiques ; elles sont généralement munies d'un bourgeon à leur aisselle ; même on y voit souvent dans la Vigne un double bourgeon... » De ces différentes manières de voir, laquelle choisir ? Faut-il, avec M. Al. Braun, croire que les feuilles ne possèdent jamais qu'un seul bourgeon axillaire ? Peut-on, avec M. Lestiboudois, prétendre qu'au lieu d'un unique bourgeon, elles en présentent souvent deux ? Devons-nous, selon M. Prillieux, envisager comme n'en constituant qu'un seul en réalité, les deux ou trois bourgeons collatéraux qu'il décrit? Ou bien les divergences qui séparent ces trois botanistes ne tiennent-elles pas plutôt à de simples erreurs d'appréciation, ou aux époques différentes auxquelles ont pu avoir lieu les observations ? Telles sont les questions que nous allons essayer de résoudre.

Nous diviserons l'étude des bourgeons en deux parties distinctes. Dans la première, nous les envisagerons au point de vue

(1) *Bulletin de la Société botanique de France*, III, 649.
(2) *Ibid.*, III, 647.
(3) *Ibid.*, IV, 810.

de leur origine, de leur distribution; nous verrons par quels caractères importants ils se différencient les uns des autres et ce qu'il faut penser de la question de l'unité du bourgeon axillaire. — Dans la seconde, entrant dans le détail du bourgeon même, nous comparerons la direction des jeunes feuilles qu'il porte avec celle des feuilles adultes insérées sur l'axe principal.

Par rapport à leur situation respective, les bourgeons des Ampélidées se rattachent à trois types bien différents que nous étudierons successivement: le premier, dans le *Vitis cordifolia* Michx; le second, dans le *Vitis vinifera* L.; le troisième, dans l'*Ampelopsis quinquefolia* Kern.

Il semble, à première vue, qu'à l'aisselle de chacune des feuilles du *Vitis cordifolia*, se trouve un bourgeon unique. Ce bourgeon, de la nature de ceux que l'on a appelés bourgeons anticipés, prompts bourgeons, s'accroît sans intermittence depuis l'époque où il a paru jusqu'à l'hiver, qui vient mettre un terme à son élongation. A l'encontre des bourgeons hibernants qui se présentent revêtus de duvet ou d'écailles protectrices, il apparaît complétement nu. S'il est sorti de bonne heure et qu'il ait pu s'allonger de quelques décimètres, se charger de feuilles et constituer sur le rameau principal un rameau secondaire vigoureux, il traversera sans en souffrir la mauvaise saison. Si au contraire, après avoir pris naissance en automne, il n'a pu développer qu'à grand'peine deux ou trois entre-nœuds chétifs, il périt en entier, ne laissant qu'une cicatrice plus ou moins régulière sur la branche qui le portait.

Les feuilles cordiformes de cette Ampélidée s'implantent sur la tige par une base renflée et élargie. Lorsqu'elles tombent, leur cicatrice présente la forme d'un fer à cheval à convexité inférieure. Dans sa concavité, on distingue deux petits mamelons verdâtres inégaux, le plus développé se trouvant en dessus de l'autre, et qui semblent dépourvus de feuilles ou d'écailles, même rudimentaires. Si l'on détruit le tissu cicatriciel en enlevant spécialement toute la portion la plus élevée de l'enceinte interrompue qu'il forme autour des deux mamelons, on découvre successivement de haut en bas deux ou trois autres élevures de moins en moins saillantes, et dont tout d'abord on ne pouvait soupçonner l'existence. Une mince section longitudinale, passant à la fois par le prompt bourgeon et par les différents mamelons, montre que ces derniers ne sont que des bourgeons dormants, admirablement préparés pour résister aux rigueurs de l'hiver. Ils sont en effet protégés par des écailles épaisses et charnues si intimement appliquées les unes contre les autres, dans le même bourgeon ou dans les bourgeons adjacents, qu'elles arrivent presque à se souder. Elles offrent ainsi un abri sûr, un *hibernacle*, suivant l'expression de Linné, pour les jeunes tissus stationnaires au-dessus desquels elles s'étendent en une sorte de voûte qui paraît simple, si on l'étudie, soit à l'œil nu, soit même à un grossissement de quelques diamètres.

Ces bourgeons hibernants ont apparu de très-bonne heure dans une cavité elliptique sous-pétiolaire, qui ne communique avec l'extérieur que par une ouverture étroite. Cette particularité les rapproche de ceux du Platane, qui, on le sait, se creusent une cavité conique dans le pétiole de leur feuille axillante. Ils ne s'allongent que dans l'année qui suit leur apparition, mais jamais on ne les voit tous ensemble arriver à bien. Tandis que le prompt bourgeon n'avorte jamais naturellement, l'avortement pour eux devient une règle presque absolue. On peut même poser en principe que leur degré d'avortement est subordonné au développement plus ou moins complet du bourgeon anticipé. Que ce dernier, par exemple, se transforme en un robuste rameau, et l'on verra les bourgeons sous-pétiolaires avorter complétement ou ne donner qu'un maigre sarment. Que le prompt bourgeon au contraire soit détruit par la gelée, et au printemps suivant on pourra voir sortir de leurs écailles deux des bourgeons dormants qui ne sont en réalité que des organes supplémentaires, disposés comme une sorte de réserve à l'abri du pétiole, et qui, selon les circonstances, tantôt devenant utiles, se produisent au dehors; tantôt demeurant superflus, se dessèchent et périssent sans même briser leur enveloppe écailleuse.

Il existe donc, en somme, entre les bourgeons hibernants nés, nous le répétons, dans une cavité sous-pétiolaire, protégés par d'épaisses écailles, avortant généralement, d'une part, et les bourgeons anticipés d'autre part, qui apparaissent complétement nus, en dehors de la cavité sous-pétiolaire, et subissent constamment une élongation évolutive plus ou moins prononcée; il existe, dis-je, entre eux, des différences assez tranchées pour que l'on soit fondé à les séparer complétement les uns des autres, réunissant en un seul groupe tous les bourgeons hibernants en opposition avec le bourgeon anticipé, toujours solitaire. Remarquons d'ailleurs que tous ces différents bourgeons, placés sur une même ligne droite verticale, naissent indépendants les uns des autres, et que chacun d'eux s'insère directement sur la tige même. Les bourgeons du *Cissus hydrophora* se distribuent de la même manière.

Ceux du *Vitis vinifera* ne se trouvent plus situés exactement sur une même ligne droite, comme les précédents. Au début de l'été, on observe à l'aisselle de chaque feuille deux bourgeons, l'un anticipé, l'autre dormant. Le premier est simple comme celui du *Vitis cordifolia*, dont il diffère par la situation : il s'insère, en effet, à côté et un peu au-dessous du second, tantôt à sa droite, tantôt à sa gauche, suivant le nœud auquel on le considère (pl. I, fig. 3, A, et fig. 11, A). Quant au bourgeon dormant, il se trouve libre et découvert à l'aisselle de la feuille, revêtu d'écailles brunâtres, et tandis que le bourgeon anticipé s'aplatit de haut en bas, on le voit de son côté s'amincir suivant l'axe du rameau qui le porte. En automne, obéissant à un accroissement à peine sensible, il écarte légèrement ses écailles inférieures, et apparaît alors presque toujours subdivisé en trois bourgeons secondaires superposés (pl. I, fig. 11, B, B'', B''), le moyen B se montrant constamment le plus développé, tandis que les deux autres, B'', B'', environ moitié plus petits, diffèrent très-peu l'un de l'autre. Ce caractère les sépare des bourgeons dormants sériés du *Vitis cordifolia*, qui, nous l'avons dit, vont croissant de taille de bas en haut et d'une manière régulière. En outre, ils s'en éloignent par rapport à leur mode d'implantation sur la tige. Ils se réunissent en effet par leur base en un support unique, court et épais, qui, sur le point d'aboutir au cylindre ligneux de l'axe principal, reçoit latéralement les faisceaux qui constituent la portion inférieure du bourgeon anticipé. L'insertion réelle de tous les bourgeons sur la tige s'effectue donc en définitive par l'intermédiaire d'une sorte de pied commun dont la section transversale oblongue présente son grand axe dirigé un peu obliquement par rapport à celui-ci de la tige (pl. I, fig. 10, G). Il faut ajouter que les trois bourgeons secondaires dormants se trouvent soumis aux mêmes lois d'avortement que ceux du *Vitis cordifolia*, c'est-à-dire que leur avortement est corrélatif du développement du prompt bourgeon pendant l'année de son apparition.

En résumé, nous pouvons répéter, pour les bourgeons de la Vigne commune, ce que nous avons dit plus haut de ceux du *Vitis cordifolia*, à savoir, qu'ils se divisent également en deux catégories tranchées : d'un côté les bourgeons anticipés, de l'autre les bourgeons dormants ; les bourgeons qui n'avortent jamais, en opposition avec les bourgeons de réserve, qui ne passent par toutes les phases d'une évolution naturelle que dans des circonstances particulières. Les *Vitis persica* Boiss., *Labrusca* Linn. ; les *Ampelopsis serjaniæfolia* Bge, *bipinnata* Michx ; le *Cissus vitifolia* Boiss., etc., présentent dans leur mode de bourgeonnement des faits semblables à ceux que nous venons de décrire dans la Vigne ordinaire.

Toute différente est la disposition réciproque des bourgeons de l'*Ampelopsis quinquefolia*. A l'aisselle de chaque feuille (exception faite de toute feuille située au nœud immédiatement supérieur à celui qui se présente dépourvu de vrille), il n'existe dans les premiers temps que deux bourgeons, le bourgeon anticipé et le bourgeon dormant. Le premier, dont l'apparition toutefois a précédé quelque peu celle du second, prend de bonne heure un accroissement prépondérant. Il est long déjà de $0^m,002$, alors que l'autre ne présente qu'une hauteur moitié moindre. A partir de ce moment, il grandit rapidement et devient un rameau feuillé. Le bourgeon hibernant, de son côté, se gonfle et s'élargit lentement; ses écailles finissent par s'entr'ouvrir, et l'on voit alors qu'au lieu d'être simple, il se compose en réalité de plusieurs bourgeons secondaires qui paraissent tout d'abord, comme ceux de la Vigne commune, n'être qu'au nombre de deux ou trois. Mais que, par une dissection facile d'ailleurs, on enlève une à une les principales écailles de ces bourgeons, et l'on finira par en découvrir trois ou quatre autres de plus en plus petits (pl. I, fig. 5, B', B'', B''', etc.), qui ne sont point superposés comme dans la Vigne, mais distribués suivant une ligne brisée en forme de zigzag dont la direction générale est transversale. Les angles que constitue cette ligne brisée sont d'environ 90 degrés, et c'est à leurs sommets que se trouvent alternativement placés les cinq ou six bourgeons secondaires qui dérivent du bourgeon dormant primitif (pl. I, fig. 6, B', B'', B''', etc.).

Ce n'est, il est vrai, qu'en automne et sur des rameaux robustes que l'on peut trouver des exemples d'une pareille multiplication. Avec la force du jet diminue le nombre des bourgeons dormants secondaires ; et sur des rameaux très-grêles, on le trouve parfois réduit à l'unité. Dans ce cas, le bourgeon anticipé existe toujours à côté de l'unique bourgeon dormant, et cette réduction ultime prouve clairement le peu d'importance de la plupart des bourgeons secondaires, puisque tous peuvent avorter, sauf l'un d'eux, destiné à remplacer le bourgeon anticipé ou à le suppléer l'année suivante, si la plante en a besoin. Rarement d'ailleurs, au niveau d'une feuille pourvue même de cinq ou six bourgeons secondaires, il s'en développe plus d'un à côté du rameau dérivant du bourgeon anticipé. Et quand a lieu ce développement anormal, on peut constater que le prompt bourgeon situé au même niveau ne s'est généralement allongé qu'en un sarment de maigre venue.

Les bourgeons de la Vigne vierge, pas plus que ceux de la Vigne commune, ne s'implantent directement sur la tige, chacun par une base distincte. Si l'on enlève en totalité l'écorce qui se trouve au niveau de la feuille axillante et des bourgeons, de manière que le cylindre ligneux se présente complétement à nu et laisse apercevoir ses connexions diverses avec ces derniers (pl. I, fig. 5), on verra que les faisceaux du prompt bourgeon devenu rameau se séparent nettement de ceux qui se rendent aux bourgeons hibernants ; que les uns, par exemple, se trouvant orientés à gauche, comme cela se voit sur la figure 5, tous les autres sont reportés simultanément vers la droite, où ils se réunissent en un tronc commun. Si, poussant plus loin cet examen, on fait une section transversale de la tige qui intéresse à la fois la partie inférieure du bourgeon anticipé et le point où se réunissent tous les bourgeons dormants secondaires (pl. I, fig. 7), on saisira mieux encore leurs relations avec l'axe ligneux principal. On reconnaîtra en effet que de ce dernier se détache un très-court pédicule qui se bifurque pour former d'un côté le prompt bourgeon A, de l'autre le bourgeon dormant multiple, dont on distingue alors à merveille les subdivisions alternantes B', B'', B''', etc.

Les bourgeons des *Cissus Roylei* Hort., *pubescens* Schlcht., qui ne diffèrent pas sensiblement de ceux de la Vigne vierge, doivent, de même que ces derniers, ceux de la Vigne et du *Vitis cordifolia*, être séparés en deux classes bien distinctes : l'une renfermant les prompts bourgeons, l'autre comprenant les bourgeons multiples hibernants. A notre connaissance, il n'existe point, pour les bourgeons des Ampélidées proprement dites, de mode de groupement essentiellement distinct de ceux que nous venons de décrire. Il faut ajouter que la distribution générale des bourgeons le long des rameaux est complétement indépendante de celle qu'ils affectent à l'aisselle d'une même feuille. C'est ainsi que les feuilles du *Cissus tuberculata* Wall., comme celles de la Vigne vierge, se montrent de trois en trois dépourvues de bourgeons axillaires, tandis que dans les *Ampelopsis serjaniæfolia*, *bipinnata ;* dans les *Vitis Labrusca* Linn., *cordifolia ;* dans les *Cissus orientalis* Lamk., *vitifolia*, etc., toute feuille porte à son aisselle des bourgeons hibernants et anticipés semblablement disposés dans chaque espèce, quoi que l'on ait pu dire pour soutenir l'opinion contraire.

Les faits que nous allons actuellement exposer se trouvent en contradiction formelle avec ce que l'on sait de l'orientation des feuilles du bourgeon axillaire par rapport à celles de l'axe principal. Il est en effet admis que, dans tout bourgeon axillaire, les points d'attache des feuilles se trouvent dans un plan qui croise perpendiculairement celui par lequel passent les feuilles de la tige. Or la famille des Ampélidées va nous montrer des exceptions indiscutables à cette loi qui semblait cependant s'appliquer à l'universalité des végétaux bourgeonnants. Dans le *Vitis cordifolia*, le *Cissus hydrophora*, les feuilles du bourgeon qui, comme nous l'avons vu, se montre seul à découvert à l'aisselle de la feuille, sont exactement situées dans le même plan que celles de l'axe sur lequel il a pris naissance (pl. I, fig. 2, A). Il en est de même pour le prompt bourgeon du *Cissus discolor* et de l'*Ampelopsis quinquefolia*. Mais il faut, pour se rendre un compte exact de cette orientation, examiner le bourgeon dans sa jeunesse, alors qu'il n'a pas atteint plus de 1 ou 2 centimètres de long. Plus tard il se tord sur son axe, et ses feuilles reprennent, en apparence du moins, la direction ordinaire. Dans la Vigne vierge (*Ampelopsis quinquefolia*), le premier des bourgeons dormants secondaires (pl. I, fig. 5, B′) apparaît à l'aisselle d'une très-mince écaille située à la partie inférieure du bourgeon anticipé. Ses feuilles se trouvent insérées dans le même plan (ou plus exactement dans un plan parallèle) que celles de l'axe principal et du bourgeon anticipé. Il en est de même pour les autres bourgeons secondaires B″, B‴, etc., qui tous dérivent successivement les uns des autres. C'est ainsi que le bourgeon B‴ est né à l'aisselle d'une écaille protectrice analogue du bourgeon B″, etc.

Cette apparition de bourgeons axillaires dormants, de générations différentes, développés successivement les uns sur les autres avant même que le premier d'entre eux soit sorti de ses écailles, est un fait digne de remarque assurément, surtout quand on se reporte à ce qui se passe d'habitude. On sait, en effet, qu'à l'aisselle des écailles des bourgeons dormants ordinaires, les axes n'existent guère qu'à l'état d'ébauche, sous forme d'un petit mamelon celluleux, bien loin de se présenter eux-mêmes, comme dans la Vigne vierge, à l'état de bourgeons parfaits supportant à leur tour plusieurs générations différentes de bourgeons axillaires.

Les feuilles des bourgeons dormants et anticipés des *Cissus pubescens*, *Roylei*, sont orientées de la même manière que celles de la Vigne vierge. M. Prillieux a fort bien montré que les feuilles du bourgeon anticipé de la Vigne se trouvent dans un plan perpendiculaire à celui par lequel passent les feuilles de la tige ; il a prouvé également que, dans cette plante, le bourgeon dormant naît à l'aisselle d'une écaille du bourgeon anticipé, et que les siennes propres ont leurs insertions dans le même plan que celles de l'axe principal. Nous ne reviendrons donc point sur ce sujet. Nous ferons seulement remarquer que les petits bourgeons B'', B'', décrits par nous de chaque côté du principal bourgeon dormant B (pl. I, fig. 11), naissent à l'aisselle de deux de ses écailles inférieures, et que leurs feuilles par conséquent sont distribuées suivant un plan perpendiculaire à celui dans lequel se trouvent les feuilles du bourgeon B.

Les *Vitis cebennensis* Jord., *persica*, *vulpina*, etc.; les *Cissus vitifolia*, *angustifolia*, etc., offrent des faits analogues à ceux que M. Prillieux a observés sur la Vigne commune.

Le mode d'orientation réciproque des feuilles de la tige et des bourgeons ne tient nullement à l'arrangement de ces derniers à l'aisselle d'une même feuille, puisque dans le *Vitis cordifolia* le bourgeon anticipé se trouvant surperposé à tous les autres, tandis que dans la Vigne vierge il est latéral, ces deux plantes n'en montrent pas moins les feuilles de leurs prompts bourgeons semblablement disposées. On ne saurait davantage prétendre qu'il existe un rapport quelconque entre ce même mode d'orientation et la distribution générale des bourgeons à l'aisselle des différentes feuilles, puisqu'on le constate à la fois dans la Vigne vierge, dont les feuilles sont de trois en trois dépourvues de bourgeons axillaires, et dans le *Vitis cordifolia*, chez lequel toute feuille présente à son aisselle le même nombre de bourgeons semblablement disposés.

Si, maintenant, revenant sur les faits qui précèdent, nous cherchons quelles notions générales peuvent s'en dégager, nous verrons qu'elles se réduisent à deux principales : 1° Les bourgeons des Ampélidées proprement dites diffèrent constamment par un ou plusieurs caractères importants de tous ceux que l'on peut prendre comme terme de comparaison chez les autres Phanérogames. 2° Ils en diffèrent à des degrés de complications divers. C'est ainsi que le *Vitis cordifolia*, par exemple, ne se différencie du *Robinia Pseudoacacia*, sous le rapport du mode de bourgeonnement, que par un caractère de grande valeur : l'orientation des feuilles de son bourgeon anticipé identique avec celle des feuilles de l'axe principal. Les bourgeons de la Vigne, de leur côté, seraient tout à fait comparables à ceux de certaines plantes à bourgeons anticipés et hibernants, s'ils provenaient séparément de l'axe principal, au lieu de dériver successivement les uns des autres. Quant à ceux de la Vigne vierge, on doit reconnaître que, sous le triple rapport de leur distribution générale le long de la tige, de leur arrangement réciproque à l'aisselle d'une même feuille, de l'orientation de leurs jeunes feuilles, ils s'éloignent du type normal beaucoup plus encore que ceux de la Vigne commune et du *Vitis cordifolia*.

II

VRILLES DES AMPÉLIDÉES.

Après l'étude des bourgeons normaux, celle des bourgeons anormaux trouve naturellement sa place. Les botanistes, en effet, s'accordent à reconnaître que les vrilles des Ampélidées ne sont que des bourgeons modifiés. Dans le *Cissus quadrangularis* Linn., ces organes sont constitués par un filament simple, dépourvu de toute ramification. Dans le *Vitis vinifera*, la vrille se montre généralement bifurquée, l'une des deux branches étant constamment plus longue que l'autre. Au point où s'opère la bifurcation, se trouve une petite écaille dont nous allons expliquer la nature réelle en étudiant la vrille de la Vigne vierge. Souvent la plus longue branche de bifurcation porte vers son milieu une seconde écaille en face de laquelle il peut apparaître une nouvelle branche de bifurcation.

La vrille de la Vigne vierge est en général trois fois et fréquemment quatre fois bifurquée. Dans ce dernier cas, la dernière bifurcation est constituée par des branches longues à peine de quelques millimètres. En sa qualité de bourgeon modifié, la vrille doit à un certain degré rappeler la tige même par des organes analogues, axiles ou appendiculaires, plus ou moins modifiés ; et comme la tige présente un axe principal, des feuilles, des bourgeons normaux, des vrilles, nous sommes fondé à rechercher dans la vrille les traces des mêmes organes.

En premier lieu, on y retrouve l'axe principal, rectiligne dans le jeune âge, prenant plus tard la forme d'une ligne brisée en autant de points qu'il y a de bifurcations, puis plus tard encore s'enroulant en spirale pour remplir son rôle définitif. Sur cet axe s'insèrent, en alternant, de petites écailles distiques dont le nombre varie naturellement avec celui des bifurcations.

Ces écailles, qui se terminent à leur sommet par une pointe plus ou moins aiguë de chaque côté de laquelle on voit une sorte de petite oreillette, sont sillonnées par trois nervures qui partent de la base pour aboutir, l'une à la pointe médiane, les deux autres aux oreillettes latérales (pl. I, fig. 8). Parfois la pointe se dégage davantage des oreillettes, et l'écaille apparaît nettement trilobée. D'autres fois encore toute adhérence cesse entre ces trois parties, et l'écaille se montre subdivisée en trois languettes libres, la longuette médiane étant plus longue que les autres. On reconnaît alors aisément que cette dernière représente le rudiment de la feuille, tandis que les languettes latérales ne sont que les stipules modifiées. Si nous nous appesantissons sur la description d'un organe en apparence indifférent, c'est que le fait de stipules distinctes du pétiole de la feuille bien développée, devenant connées avec la feuille dégénérée, confirme d'une manière absolue la manière de voir des botanistes qui identifient les stipules avec la gaîne de la feuille. Les deux stipules adhérentes dans l'écaille de la vrille de la Vigne vierge rappellent d'une manière frappante la gaîne de certaines Ombellifères surmontée d'un limbe presque totalement avorté.

Les écailles étant alternes et distiques, reproduisent exactement sur le rachis de la vrille la disposition des feuilles sur la tige. De plus, elles se trouvent dans le même plan que les feuilles du sarment même sur lequel s'insère la vrille, quoi que M. Lestiboudois ait pu dire contrairement à ce fait, facile à vérifier sur la vrille très-jeune, mais qui disparaît sur la vrille adulte (pl. I, fig. 4, O, T). Cette dernière, en effet, de même que les bourgeons du *Vitis cordifolia*, du *Cissus hydrophora*, de l'*Ampelopsis quinquefolia*, subit peu à peu sur sa base une torsion qui amène ses écailles dans un plan perpendiculaire à celui dans lequel elles se trouvaient tout d'abord.

Chacune de ces écailles se trouve, avons-nous dit, au niveau d'une bifurcation ; par conséquent, en face d'elle, se montre l'une des deux branches de bifurcation. Sur la tige, nous le savons, c'est à la vrille qu'est dévolue cette situation : nous nous trouvons donc par analogie amené à considérer comme une vrille rudimentaire la branche de bifurcation oppositifoliée. Nous la nommerons *vrille secondaire* pour éviter toute confusion avec la vrille envisagée dans son ensemble, à laquelle nous réserverons le nom de *vrille primaire.* Remarquons encore, mais sans y insister pour le moment, que sur la vrille primaire, il existe autant de vrilles secondaires que d'écailles, lors même que ces dernières sont au nombre de trois ou quatre. Notons enfin qu'il n'y a jamais, à l'aisselle des feuilles avortées de la vrille, la moindre trace de bourgeons.

Les vrilles du *Cissus Roylei*, qui se bifurquent jusqu'à sept et huit fois, reproduisent plus clairement encore les faits que nous venons de décrire dans la Vigne vierge.

Ce qu'il importe principalement d'étudier dans la vrille, c'est à coup sûr son mode de répartition sur la tige. C'est ainsi que dans les *Cissus pedata* Lamk, *angustifolia*, *orientalis*, les *Vitis Labrusca*, *vulpina*, l'*Ampelopsis serjaniæfolia*, etc., chaque nœud est pourvu d'une vrille oppositifoliée, tandis que dans la vigne commune, les *Vitis cordifolia*, *persica*, les *Cissus populeus* et *crenatus*; dans l'*Ampelopsis bipinnata*, les *Pterisanthes*, les vrilles sont distribuées de la même manière que dans la Vigne vierge. Si distincts toutefois qu'ils semblent à un premier examen, ces deux modes de distribution ne sont point tellement tranchés, qu'il soit impossible de trouver entre eux quelque rapport. L'*Ampelopsis humulifolia* Bge, cultivé à l'École de botanique du Muséum, est un type des plus singuliers et sur lequel nous ne saurions trop appeler l'attention. Les vrilles, en effet, s'y montrent tantôt également, tantôt inégalement distribuées. Sur un rameau, par exemple, nous avons vu cinq vrilles se suivant sans interruption à cinq nœuds consécutifs (type du *Vitis Labrusca*), puis un nœud dépourvu de vrilles, deux nœuds avec vrilles, etc. (type de la Vigne vierge). L'intérêt qui s'attache à cette plante, envisagée comme type de transition, s'accroît encore quand on fait cette remarque que les bourgeons, dans leur distribution générale le long des rameaux, obéissent à des lois aussi peu fixes que celles qui président à la répartition des vrilles. Il semble en définitive que l'*Ampelopsis humulifolia*, oscillant sans cesse entre deux premiers types (Vigne et Vigne vierge) différents au point de vue de la répartition des bourgeons; entre deux autres types (*Vitis Labrusca* et Vigne vierge) également distincts relativement à la distribution de leurs vrilles, et ne pouvant s'arrêter ni à l'un ni à l'autre, soit une sorte de trait d'union entre ces différents types dont il résume les caractères principaux.

III

INFLORESCENCE DES AMPÉLIDÉES

Les inflorescences des Ampélidées proprement dites sont, nul ne l'ignore, de la même nature que les vrilles; c'est-à-dire que, comme ces dernières, elles ne sont que des bourgeons modifiés. Aussi n'est-ce point pour démontrer ce fait universellement accepté que nous entreprenons ce chapitre. Ce que nous voulons nettement définir, ce sont au contraire les différences qui, sous d'autres rapports, existent entre les vrilles et les inflorescences. Pour préciser davantage, notre but est de montrer dans ces dernières une complication constante des phénomènes dont les vrilles sont le siége.

Les auteurs définissent généralement la vrille : une inflorescence dans laquelle les fleurs ont avorté ; ce qui revient à dire que, pour constituer une grappe plus ou moins composée, la vrille n'a eu qu'à multiplier ses bifurcations et à les surmonter d'un nombre égal de fleurs. Si l'on s'en tenait à cette définition, on aurait une idée complétement inexacte des rapports et des différences qui existent entre les vrilles et les inflorescences. La vrille n'est certainement point une inflorescence avortée, car elle apparaît sur la jeune plante de très-bonne heure, longtemps avant l'époque où l'évolution naturelle doit y produire des fleurs et des fruits. On ne peut donc guère, croyons-nous, se hasarder au delà d'une proposition ainsi formulée : issues d'une origine commune, qui est le bourgeon, la vrille et l'inflorescence sont des modifications différentes de ce bourgeon, simples dans le premier cas, parfois très-complexes dans le second.

La Vigne vierge peut sans doute être classée parmi les types qui offrent les inflorescences les moins compliquées. Ces dernières suivent, dans leur distribution le long des sarments, les mêmes lois que les vrilles. Elles sont (pl. II, fig. 2) constituées par un axe principal qui porte de petites écailles alternes A, A′, etc., orientées comme celles de la vrille. En face de chacune d'elles s'insère un axe secondaire B, B′, qui tantôt, comme cela a lieu pour l'axe B′, supporte directement les pédoncules floraux ; tantôt, comme l'axe secondaire B, se ramifie à plusieurs reprises avant de leur donner naissance. Les pédoncules fructifères sont toujours groupés en petites cymes bipares ou unipares par avortement, comme l'a démontré Payer, dans son *Traité d'organogénie de la fleur*, pour l'inflorescence de la Vigne commune.

Les inflorescences des *Cissus himalayana*, *vitifolia*, *populeus*, du *Vitis serrulata* Roxb., sont construites d'après le même modèle que celles de la Vigne vierge.

L'inflorescence de la Vigne (pl. II, fig. 4) se compose également d'un rachis qui porte des écailles ; mais celles-ci sont presque toutes opposées, décussées (A, A ; A'; A'', A''), et les axes secondaires, qui d'ailleurs se subdivisent souvent plusieurs fois avant de porter les cymes de fleurs, se trouvent *à l'aisselle* même de ces écailles au lieu d'être en opposition avec elles, comme cela se voit dans la Vigne vierge.

Le *Cissus quadrangularis* présente des inflorescences qui tiennent le milieu entre celles de la Vigne et celle de la Vigne vierge, puisque tantôt leurs axes secondaires se montrent en opposition avec les écailles que porte le rachis, et tantôt s'insèrent à l'aisselle de ces mêmes écailles.

L'inflorescence du *Cissus serpens* Hochst. diffère plus profondément encore de la vrille que les précédentes. Ce ne sont plus seulement les pédoncules floraux qui s'y disposent en cymes bipares ; la dichotomisation se produit de meilleure heure, et la rafle elle-même se termine par une fleur de chaque côté de laquelle se détachent des axes secondaires qui se ramifient à leur tour par dichotomisations successives.

Enfin, c'est chez les *Cissus trifoliata* Linn., et *rufescens*, qu'il faut aller chercher les métamorphoses les plus profondes du bourgeon normal. En effet, l'axe principal de leurs inflorescences se couronne d'un verticille d'écailles étroites et serrées. De leur aisselle partent en divergeant cinq ou six axes secondaires, subdivisés une ou plusieurs fois avant de se terminer par les petites cymes de pédoncules fructifères.

IV

ÉTUDE COMPARATIVE DES RAMEAUX, DES VRILLES ET DES INFLORESCENCES.

Nous avons, dans les trois chapitres qui précèdent, retracé successivement les diverses modifications dont les bourgeons normaux, les vrilles, les inflorescences, sont le siége dans toute la série des Ampélidées proprement dites. On nous pardonnera les détails presque minutieux dans lesquels nous sommes parfois entré. Outre qu'ils font en quelque sorte toucher du doigt la singulière diversité d'organisation d'espèces si voisines cependant, il était indispensable qu'ils fussent bien connus pour nous permettre d'entreprendre avec succès la réfutation des objections possibles contre la théorie des soulèvements.

Toutefois, avant d'en arriver à ce point, il nous reste à exposer comment et par quelles complications, dans certains types déterminés, on passe du rameau normal au rameau modifié pour constituer, soit une vrille, soit une inflorescence.

La première plante que nous envisagerons à ce nouveau point de vue sera la Vigne vierge. Son étude se trouve déjà faite presque en totalité tant dans notre première note que dans les pages précédentes. Nous avons, en effet, expliqué comment s'y montraient distribués les vrilles et les bourgeons ; nous avons également décrit le mode d'agencement des diverses parties axiles ou appendiculaires entrant dans la constitution de la vrille. Il nous faut encore établir les différences qui existent entre ce mode d'agencement et celui des parties similaires sur le sarment ou sur l'inflorescence.

Quel que soit le point du rameau que l'on considère, sur trois nœuds consécutifs il s'en rencontre toujours un dépourvu de vrille oppositifoliée. Si l'on se reporte, au contraire, au rachis de la vrille, on trouve que chaque nœud porte une vrille secondaire. Il faut en conclure que les lois qui président à l'arrangement des vrilles sur le sarment cessent d'exister quand il s'agit de la vrille.

En d'autres termes, il a suffi que le bourgeon, au lieu de naître normalement, s'accolât à la tige et n'en émergeât que quelques centimètres plus haut que d'habitude, pour qu'une loi importante cesse de se manifester.

Mais là ne s'arrête point la perturbation : ainsi que nous l'avons signalé, les écailles de la vrille ne portent jamais de bourgeons axillaires. On peut donc en conclure que, sur cette dernière, il ne s'est développé que des bourgeons anormaux sous forme de vrilles *secondaires*. En même temps on est obligé de reconnaître que, quelle que soit l'interprétation morphologique que l'on donne de la distribution corrélative des bourgeons et des vrilles sur le sarment, il est impossible de l'appliquer directement aux phénomènes dont la vrille elle-même est le siége. Si enfin on se rappelle que les écailles résultent de la soudure de la feuille avec ses stipules, on arrivera à cette première conclusion que les soulèvements de faisceaux fibro-vasculaires dont l'axe du sarment était le siége se sont multipliés dans la vrille pour y déterminer, d'une part la soudure des stipules avec la feuille, d'autre part l'apparition régulière d'une vrille à chaque nœud.

En passant de la vrille à l'inflorescence, on constate que les lois qui règlent la distribution des axes ou appendices sur le rameau s'y traduisent plus obscurément encore que sur la vrille même. Les axes de troisième ou de quatrième génération se disposent finalement en cymes bipares pour porter les fleurs. Il a fallu pour cela que le mode de distribution des feuilles, distiques sur le rameau, fût modifié dans son essence même, puisqu'elles deviennent opposées décussées dans les portions extrêmes de l'inflorescence.

Les différences qui existent entre l'inflorescence et le rameau de la Vigne vierge sont donc tellement considérables, que si la vrille ne servait point d'intermédiaire entre ces deux parties d'une même plante et ne rattachait l'organisation de l'une à celle de l'autre, il serait presque impossible de comprendre comment la première peut dériver de la seconde. Dans la Vigne commune, nous voyons ces dissemblances s'accuser davantage. Si la vrille de la Vigne vierge plusieurs fois bifurquée rappelle encore à de nombreux égards le rameau sur lequel elle a pris naissance, on ne saurait en dire autant de celle de la Vigne, qui, simplement bifurquée en général, ne représente évidemment le rameau qu'à un degré d'avortement beaucoup plus marqué. L'inflorescence, de son côté, se différencie complétement tant de la vrille que du rameau normal, ainsi qu'on peut s'en assurer même dans le cas où le bourgeon transformé est passé à l'état d'inflorescence par l'une de ses bifurcations, tandis qu'il est demeuré vrille par l'autre. Il n'existe plus alors entre les deux branches la moindre ressemblance. Sur l'une d'elles, en effet, on rencontre (pl. II, fig. 3, B) les écailles et les pédoncules floraux *axillaires* qui caractérisent la grappe, tandis que sur l'autre on voit l'écaille A' et la vrille secondaire *oppositifoliée* B', que montre toujours la vrille.

Dans la vrille de la Vigne comme dans celle de la Vigne vierge, il y a toujours avortement des bourgeons normaux et développement exclusif des bourgeons anormaux sous forme de vrilles secondaires. C'est le contraire qui se produit constamment dans l'inflorescence de la Vigne. Les bourgeons anormaux y avortent sans exception, et par conséquent les axes oppositifoliés disparaissent. De plus, à l'aisselle de chaque écaille, il naît un bourgeon normal qui se ramifie plus ou moins avant de porter les fleurs. La grappe composée de cymes qui en résulte se distingue donc d'une manière absolue, radicale, non-seulement de la vrille de la Vigne vierge, mais encore et surtout de l'inflorescence de cette dernière. Il faut aussi rappeler ce fait que les écailles y sont décussées dès les ramifications inférieures, tandis que chez la Vigne vierge cette modification ne se manifeste que dans les divisions ultimes.

Partant de cette remarque que la vrille et l'inflorescence sont, dans la Vigne, des organes plus profondément modifiés ou même plus dégradés que dans la Vigne vierge, on s'explique, dans la même plante, le mode de distribution des bourgeons si différent de celui de la Vigne vierge. On n'y voit point en effet l'arrangement corrélatif des vrilles et des bourgeons qui caractérise cette dernière Ampélidée; et si les vrilles à la vérité y gardent une distribution identique, il n'en est pas de même pour les bourgeons anticipés et dormants qui apparaissent au contraire à l'aisselle de chaque feuille. Dans les *Vitis Labrusca*, *vulpina*, etc., les vrilles, de leur côté, suivent le nouveau mode de répartition inauguré par la vigne pour ses bourgeons, et naissent également à chaque nœud de la tige. On aurait grand tort toutefois de juger ces différents types irréductibles. L'*Ampelopsis humulifolia*, qui reproduit tantôt le type de la Vigne, tantôt celui de la Vigne vierge ou du *Vitis Labrusca*, prouve d'une manière irréfutable que les mêmes lois qui régissent l'organisation de la Vigne vierge continuent d'exister plus ou moins dissimulées dans les autres Ampélidées proprement dites, et que, dans le cas actuel, il ne faut point s'adresser à des causes complétement distinctes pour interpréter des organisations différentes en apparence seulement.

Que l'on mesure d'ailleurs les modifications extérieures profondes qui, de degré en degré, de la tige principale à la vrille, de cette dernière à l'inflorescence, se sont successivement produites, notons-le avec soin, dans une seule et même plante, que ce soit la Vigne, la Vigne vierge ou le *Vitis Labrusca;* qu'on les compare en outre à celles qui séparent les rameaux de deux Ampélidées quelconques; et lorsqu'on aura constaté entre deux parties analogues d'une même plante des différences plus profondes que celles qui existent entre les organes similaires de deux plantes différentes, on se convaincra de plus en plus de l'unité parfaite de plan qui a présidé à l'organisation de végétaux qui, au premier abord et à certains égards, paraissent parfois si différents.

V

DES SOULÈVEMENTS AXILES ET APPENDICULAIRES.

Il est en botanique peu de lois d'une application plus générale que celle des soulèvements ou empiétements. Nous avons entendu

M. le professeur Baillon la formuler ainsi : Les portions axiles ou appendiculaires de la plante se présentent, suivant le point où on les envisage, tantôt nettement séparées, tantôt plus ou moins oufondues. Plus, dans la production des différents organes, s'accentuent les métamorphoses des feuilles et des axes normaux, plus ces parties tendent à se confondre par empiétement réciproque.

La plupart des botanistes cependant, ne voyant que le cas particulier où existe en réalité la loi générale, ne parlent guère des adhérences et des soulèvements qu'à propos de certaines inflorescences dans lesquelles cette complication du plan primitif apparaît tellement manifeste, qu'elle ne saurait échapper aux yeux mêmes des moins clairvoyants. Il s'agit pour nous de démontrer comment les Ampélidées proprement dites, plus encore peut-être que les plantes de toute autre famille végétale, se trouvent soumises à cette loi commune. En regard de l'opinion qui fait de la vrille l'axe principal déjeté, en face de celle qui y voit une partition du rameau, nous exprimons contradictoirement celle-ci : 1° La vrille résulte toujours du soulèvement d'un bourgeon axillaire, ainsi que nous l'avons admis pour la Vigne vierge. 2° Les feuilles, les bourgeons normaux, peuvent, comme les vrilles, offrir des exemples évidents de soulèvement. En d'autres termes, à ceux qui nient l'empiétement, nous répondrons que l'empiétement est la règle générale chez les Ampélidées proprement dites. Le *Cissus granulosa* du Pérou et le *Cissus sycioides* Linn., de l'île de Cuba, sont fréquemment attaqués par un Champignon du genre *Ustilago*. L'influence de ce parasite est des plus singulières. Les rameaux des *Cissus* deviennent méconnaissables; les feuilles, les bourgeons, les vrilles disparaissent. L'axe principal apparaît tout hérissé de ramuscules, qui, à première vue, semblent dispersés au hasard. Un examen plus attentif montre cependant qu'ils se groupent plus particulièrement en des points à peu près équidistants, qui correspondent aux nœuds folifères des sarments épargnés. Ils constituent là de petites touffes mal définies, qui tantôt s'allongent en séries irrégulières, tantôt s'élargissent en verticilles incomplets.

Entre deux nœuds consécutifs, on voit très-fréquemment un ou deux de ces petits rameaux avortés qui tirent leur origine de certains faisceaux fibro-vasculaires détachés de l'axe principal à des hauteurs variables et sans qu'il soit possible d'assigner un ordre quelconque à leur distribution. La perversion du plan primitif est telle qu'il n'existe plus la moindre distinction entre les faisceaux qui devaient constituer les feuilles et ceux qui étaient destinés aux vrilles et aux bourgeons. Tous se sont indistinctement résolus en une quantité de petits organes qui naissent de préférence, il est vrai, dans les points où auraient dû se montrer les organes axiles ou appendiculaires, mais peuvent également se détacher de la tige dans tous les points intermédiaires. En un mot, le parasitisme de l'*Ustilago* a pour effet la destruction complète de la coordination des faisceaux fibro-vasculaires. Quoi qu'il en soit, de cette curieuse monstruosité, nous ne tirerons que peu d'enseignements. On ne peut guère, en effet, en déduire autre chose que ceci : les Ampélidées proprement dites présentent une organisation peu stable, dont le principal caractère est une tendance naturelle des axes et des appendices à un empiétement réciproque. De cette notion vague et générale, passons à des faits mieux définis et qui expliquent plus spécialement l'empiétement normal.

Nous étudierons tout d'abord ce dernier dans la feuille. Ici les faits abondent et nous les condenserons autant que possible. Les folioles des feuilles digitées de la Vigne vierge apparaissent du sommet vers la base, c'est-à-dire que la première foliole se trouvant en prolongement direct du pétiole, les deux folioles voisines naissent plus tard qu'elle, mais avant les deux folioles externes ou inférieures. En somme, l'évolution de la feuille de la Vigne vierge a lieu d'après les lois reconnues et posées par Payer, étudiant le mode d'apparition des folioles sur le Rosier, le Lupin, les Mauves, etc. (1); et la foliole médiane étant de première géné-

(1) *Traité d'organogénie comparée de la fleur* (texte), 402-405.

ration, les deux folioles latérales qui lui sont contiguës ne sont que de deuxième, et servent de support aux folioles inférieures qui, elles, sont de troisième génération.

Toutes les feuilles d'Ampélidées obéissent à cette même loi d'évolution, et lors même qu'elles deviennent décomposées, constituées par un pétiole principal supportant des pétioles secondaires divisibles à leur tour, cette dernière n'en demeure pas moins manifeste : sur les pétioles, même secondaires ou tertiaires, les folioles sont de plus en plus jeunes à mesure que du sommet on descend vers le point d'attache de la feuille. L'*Ampelopsis bipinnata*, dont les feuilles surdécomposées pennées rappellent celles des *Thalictrum*, montre l'indépendance des folioles portée à son plus haut degré. Dans les *Cissus adenocaulis* Heud. et *pedata*, les folioles s'élargissent, deviennent moins nombreuses, mais s'insèrent cependant toutes encore sur des pétioles secondaires ou tertiaires séparés. Dans la Vigne vierge, comme on le sait, les folioles se trouvent réduites à cinq, mais gardent également leur indépendance. Dans le *Cissus tuberculata*, au contraire, les deux folioles placées de chaque côté de la foliole médiane entraînent avec elles les deux folioles inférieures, de telle sorte que le pétiole primaire, au lieu de se subdiviser en cinq comme celui de la Vigne vierge, ne se partage plus qu'en trois courts pétioles secondaires, dont les deux latéraux portent chacun deux folioles de génération différente. La tendance à l'empiétement s'accentue davantage dans le *Cissus serrulata*. Les quatre folioles latérales, demeurées indépendantes dans le *Cissus tuberculata*, se réunissent ici deux à deux pour n'en plus former qu'une seule de chaque côté de la foliole médiane, et les folioles résultant de cette réunion présentent un limbe notablement plus élargi du côté où la foliole tertiaire est venue se juxtaposer à la foliole de seconde génération. Le *Cissus Duarteana* est le siége de soulèvements encore plus considérables ; la foliole médiane cesse d'être distincte des folioles latérales, et de chaque côté d'elle, sur son contour, on trouve trois lobes de moins en moins développés de haut en bas, et qui indiquent clairement que le limbe continu de la feuille résulte de la coalescence de sept folioles, libres dans d'autres espèces. Le *Cissus heterophylla* Poir. porte des feuilles de deux sortes : les unes, nettement quinquélobées, rappellent celles du *Cissus Duarteana ;* les autres, vaguement trilobées dénotent une fusion plus intime des folioles primitives. Cette curieuse plante, par la configuration de ses feuilles dimorphes, qui en fait une espèce intermédiaire entre des espèces voisines, sert en quelque sorte de pendant à l'*Ampelopsis humulifolia*, type qui, nous l'avons vu, par la distribution ambiguë de ses vrilles et de ses bourgeons, sert également de passage entre des espèces qui, sans ce trait d'union, sembleraient fort éloignées à certains égards.

On arrive ainsi graduellement aux Ampélidées à feuilles cordiformes entières, comme le *Vitis cordifolia*, chez lesquelles la fusion des folioles s'est opérée à un tel degré, qu'il devient impossible d'établir entre elles une ligne de démarcation quelconque. En résumé, la feuille des Ampélidées, par la réunion plus ou moins complète de ses folioles, offre des exemples indiscutables de soulèvement et d'empiétement.

Un soulèvement plus curieux peut-être, et plus rare à coup sûr, est celui que nous avons décrit plus haut à propos des écailles alternes des vrilles et des inflorescences. Ainsi que nous l'avons fait voir, ces écailles résultent de la coalescence des stipules avec les feuilles, coalescence qui n'existe à aucun degré sur le rameau lui-même.

Les bourgeons normaux sont également le siége d'empiétements plus ou moins prononcés. Ces derniers ne se manifestent point, il est vrai, dans le *Vitis cordifolia*, Ampélidée fort exceptionnelle, dont les bourgeons s'implantent séparément sur l'axe; mais on peut les constater dans la Vigne, et mieux encore dans la Vigne vierge. Dans cette dernière, le bourgeon composé dormant est constitué par cinq ou six bourgeons secondaires d'âges différents, ce qui n'a jamais lieu dans les bourgeons ordinaires, qui ébauchent à peine à l'aisselle de leurs écailles inférieures quelques rudiments de bourgeons de seconde génération, et n'arrivent jamais à en émettre une troisième génération avant qu'ils se soient allongés eux-mêmes en un rameau déjà bien développé. Les bourgeons dormants secondaires de la Vigne vierge ont donc apparu avant l'âge, en se produisant les uns sur les autres par un empiétement des plus évidents.

L'axe aplati en forme d'ailes à lobes sinueux et élargis, qui, dans les *Pterisanthes*, supporte les fleurs, dérive également d'une coalescence manifeste. On peut s'en convaincre en étudiant comparativement les inflorescences du *Cissus thyrsiflora* BLUME, et du *Pterisanthes araneosa* MIQ., qui tous deux croissent à Java. Les inflorescences de la première de ces plantes sont formées d'un axe principal qui supporte de nombreuses ramifications alternes, le long desquelles sont insérées les fleurs sessiles. En outre, à la partie inférieure de l'inflorescence, l'une des ramifications demeure stérile et se transforme en vrille. Si l'on suppose que les ramifications fertiles, au lieu de naître isolées, se réunissent latéralement, on obtiendra à peu de chose près l'inflorescence du *Pterisanthes araneosa*, qui, elle aussi, porte une vrille à sa partie inférieure, et dont les fleurs hermaphrodites sont, comme on le sait, sessiles sur les expansions latérales de la rafle déformée.

Quand après avoir constaté par les faits qui précèdent que l'empiétement des axes ou des appendices les uns sur les autres, cette loi générale chez les végétaux, se traduit chez les Ampélidées proprement dites, avec une persistance toute spéciale, nous disons que les vrilles obéissent à la même loi, il ne faut point croire que nous arrivions à cette conséquence par simple généralisation ou par une déduction purement théorique. Ici encore les faits viennent à notre aide. Il n'est point rare de voir sur l'*Ampelopsis quinquefolia*, sur les *Cissus pubescens* et *Roylei*, la vrille naître à 1 ou 2 centimètres, soit au-dessus, soit au-dessous du point précis où elle devrait s'insérer vis-à-vis de la feuille. Mais nous avons pu constater un fait encore plus probant. Sur un rameau de *Vitis vinifera*, nous avons vu les faisceaux qui se rendent à la vrille se séparer complétement de l'anneau fibro-vasculaire de la tige, venir proéminer à la surface de cette dernière sous forme d'un cordon longitudinal semi-cylindrique, prenant son origine à l'aisselle d'une feuille et s'étendant sur une longueur de 3 à 4 centimètres. Puis l'accolement cessait subitement; mais la vrille, au lieu de s'écarter du rameau en formant comme d'habitude un angle presque droit, suivait sa direction première et demeurait parallèle avec lui jusqu'au nœud supérieur. En ce point d'ailleurs elle s'écartait de la tige, reprenait la direction habituelle et l'aspect des vrilles normales. Que ce fait soit une anomalie; nous en convenons; mais encore admettra-t-on que cette anomalie ne laisse point place à des interprétations opposées, et qu'il n'est pas une seule théorie qui puisse l'expliquer, hormis celle des soulèvements.

Nous signalerons encore une anomalie fort curieuse que nous a présentée un rameau de *Cissus pubescens*, cultivé à l'école de botanique du Muséum, et qui consistait dans l'existence de deux vrilles au même niveau. Séparés à leur base par un intervalle de 3 millimètres environ, ces organes s'inséraient en face d'une feuille dépourvue de bourgeons axillaires, et, par suite de la ressemblance parfaite qui existe entre le *Cissus pubescens* et la Vigne vierge sous le rapport de la distribution des vrilles et des bourgeons, correspondaient au bourgeon composé dormant. Or, puisqu'il peut arriver que deux des bourgeons secondaires dormants se développent, tandis que les autres avortent, on comprendra sans peine que deux vrilles aient pu dériver également de deux des bourgeons secondaires dormants soulevés, et apparaître ainsi côte à côte, au même niveau.

VI

EXAMEN DES THÉORIES PRÉEXISTANTES.

Maintenant que, grâce aux études précédentes, il nous est permis de donner pour base à une discussion des faits certains et d'une vérification facile pour la plupart, arrivons à l'examen des théories en présence pour juger, à la mesure des faits qu'elles interprètent, la valeur de chacune d'elles. L'explication de M. Prillieux, dont nous avons déjà dit quelques mots dans notre première note, s'appuie sur un fait réel et bien observé : l'existence, à côté et un peu en dehors de ce qu'il nomme bourgeons stipulaires (bourgeon composé hibernant) de la Vigne commune, d'un premier bourgeon (bourgeon simple anticipé), dont les feuilles se trouvent comprises dans un plan perpendiculaire à celui par lequel passent celles du rameau. M. Prillieux en a tiré cette double conclusion que l'on pouvait regarder comme logique : 1° Les feuilles gardant un ordre distique tout le long des rameaux, chacun de ces derniers n'est point formé d'axes d'ordres différents superposés, mais il est un suivant toute sa longueur. 2° Les écailles des vrilles présentant leurs insertions dans le même plan que les feuilles du sarment, la vrille ne peut être l'axe principal déjeté, et par cons quen elle résulte d'une simple bifurcation de ce dernier.

Nous le répétons, il est permis de considérer ces déductions comme logiques, mais à une condition, c'est que se livrant à un choix que rien ne justifie, on se renferme dans l'étude exclusive de la Vigne commune ou des Ampélidées que nous avons décrites comme ses analogues, abstraction faite de toutes les autres. Grâce à cet examen limité, on aura effectivement le droit d'affirmer que, dans la Vigne commune, le sarment est un axe unique et la vrille une bifurcation de cet axe, c'est-à-dire, selon nous, le droit d'accoler l'erreur à la vérité. C'est là que M. Prillieux, malgré son talent bien connu comme observateur, devait fatalement aboutir. Où pouvait le conduire, en effet, sinon à ce résultat, l'étude isolée d'un type dégradé tel que la Vigne commune, privé déjà de quelques-uns des traits caractéristiques du type rationnel des Ampélidées, tel qu'on le retrouve dans l'*Ampelopsis quinquefolia*, et qui seul, à notre sens, peut, ainsi que nous le prouverons bientôt, éclairer cette question si controversée de la signification morphologique de la vrille des Ampélidées ?

On s'en aperçoit vite d'ailleurs quand M. Prillieux, quittant le champ circonscrit de l'observation, tente d'expliquer l'inégale répartition des vrilles et invoque dans ce but certaines vues théoriques d'Aug. Saint-Hilaire, qui regardait toute division comme le résultat d'une augmentation d'énergie vitale, et voyait dans cette dernière la cause probable de la partition. « Admettons cette assertion, dit M. Prillieux (1). Il est avéré qu'au bas de chaque » pousse la végétation est faible, les feuilles n'y atteignent pas » tout leur développement, les entre-nœuds y restent courts. Nous » ne devons pas voir dans cette région de partition de la tige..... » Plus haut, la vie du végétal se manifeste plus active, plus puissante ; c'est alors que la tige est dans des conditions convenables » pour se diviser..... Qu'y a-t-il de surprenant à voir qu'après » s'être à deux reprises partagée, la tige momentanément affaiblie » demeure un instant sans former de tiges accessoires, puis qu'après un moment de repos, retrouvant ses forces, elle recommence à en produire de nouvelles ? »

Il nous sera facile de démontrer que les faits se trouvent en contradiction formelle avec ces différentes hypothèses. Personne, sans nul doute, n'oserait prétendre que la vrille du *Cissus pubescens*, par exemple, ce rameau dégénéré, amoindri, soit un organe plus vigoureux et d'une plus luxuriante végétation que le rameau normal qui la porte. Et cependant qu'arrive-t-il ? Tandis que le sarment ne pourrait se bifurquer deux fois de suite sans en éprouver une sorte d'épuisement, la vrille présenterait, sans la moindre interruption, jusqu'à six ou sept bifurcations consécutives ! Assurément, il eût été plus juste d'envisager la prétendue partition des Ampélidées comme une preuve de faiblesse et d'amoindrissement. Mais alors comment expliquer sur le rameau l'absence des vrilles à certains nœuds mathématiquement déterminés ?

D'autre part, si, en réalité et comme semble le démontrer ce qui précède, l'existence d'une vrille à chaque nœud est plutôt un signe d'affaiblissement, comment expliquer, dans la théorie de-

(1) *Bulletin de la Société botanique de France*, 651.

M. Prillieux, l'absence de vrilles aux nœuds inférieurs du rameau? Ceux-là surtout ne devraient-ils pas en être pourvus, eu égard à la végétation peu active que leur attribue ce botaniste?

La vérité est qu'il faut envisager les entre-nœuds inférieurs au point de vue de leur force de résistance, et se bien garder surtout de considérer leur brièveté comme une preuve évidente de faiblesse. Que les feuilles y soient notablement réduites et souvent presque écailleuses, peu importe. On sait que les feuilles inférieures des plantes sont en général moins bien développées que celles qui les suivront : la partie inférieure du tronc n'en offre pas moins une végétation vigoureuse. C'est ce qui a lieu pour la Vigne. Que l'on compare ses entre-nœuds inférieurs ramassés, trapus, rigides, aux entre-nœuds supérieurs allongés, mais minces et débiles; et l'on reconnaîtra aussitôt que la vrille, indispensable pour maintenir ces derniers dans une position verticale, se trouverait complétement inutile à la consolidation des premiers.

L'étude comparative des sarments de la Vigne et de la Vigne vierge vient à l'appui de ce que nous venons de dire. Remarquant en effet que les seconds sont plus grêles et plus souples que les premiers, on sera, de prime abord, avant un examen plus approfondi, porté à émettre l'opinion que les vrilles doivent apparaître de meilleure heure sur les jets de la Vigne vierge que sur ceux de la Vigne. Ici encore l'observation vient confirmer la théorie. On sait en effet que la vrille, à quelques exceptions près, se montre sur le sarment de la Vigne du quatrième au sixième nœud, tandis que sur celui de la Vigne vierge, nous l'avons vue constamment apparaître dès le deuxième ou le troisième.

Le même fait d'ailleurs se produit chez la plupart des plantes cirrifères, si même il n'est général. Dressées à l'origine, elles se présentent alors dépourvues de vrilles, qui, on le comprend, ne leur seraient à cette époque d'aucune utilité. Mais que la croissance s'accentue, que l'axe trop flexible se courbe vers la terre, aussitôt apparaît la vrille, devenue nécessaire. Chez les Cucurbitacées, par exemple, on ne la voit guère se montrer avant le troisième nœud, et encore n'est-elle tout d'abord que rudimentaire, bien qu'elle puisse accompagner déjà des feuilles largement développées.

Nous arriverons donc à cette première conclusion : la théorie de la partition, fût-elle exacte, ne réussirait à interpréter qu'un nombre très-restreint de phénomènes ; moins encore, notons-le bien, ceux dont la Vigne vierge est le siége que ceux que l'on a depuis longtemps signalés à propos de la vrille de la Vigne commune.

Mais ce n'est pas tout : M. Lestiboudois (1) a démontré que les faisceaux fibro-vasculaires de la vrille ne naissent point comme ils le feraient, s'ils résultaient d'une bifurcation de l'axe, mais sortent de la tige en se comportant comme ceux d'un bourgeon ordinaire.

De la théorie de la partition que restait-il donc après cette réfutation de M. Lestiboudois ? Un seul fait, mais, il faut bien le dire, un fait inexpliqué. Comment pouvait-il se faire en effet que la vrille, n'étant point le résultat d'une partition de l'axe, mais dérivant d'un bourgeon, pût présenter ses écailles ou feuilles modifiées dans le même plan que les feuilles de l'axe principal ? C'est à ce fait, demeuré sans explication, que les idées de M. Prillieux ont dû de survivre, même aux attaques de M. Lestiboudois. En montrant que dans l'*Ampelopsis quinquefolia*, les *Cissus pubescens*, *Roylei*, les *Vitis discolor*, *cordifolia*, etc., les feuilles du premier bourgeon axillaire, ou prompt bourgeon, se trouvent dans le même plan que celles du rameau sur lequel il s'insère, nous croyons avoir levé toute difficulté à cet égard. Maintenant qu'il est avéré que les bourgeons axillaires d'Ampélidées peuvent avoir des feuilles ainsi distribuées, l'exemple opposé tiré des bourgeons de la Vigne et invoqué par M. Prillieux perd toute sa valeur. Puisque, sans cause manifeste, l'orientation des feuilles peut présenter d'aussi considérables variations, il est évident qu'il ne faut plus, dans cette famille, lui attribuer aucune importance et qu'il n'y a plus lieu de s'étonner que la vrille offre ses écailles dans le même plan que les feuilles de la tige. Eu égard au plan général d'organisation,

(1) *Loc. cit.*, 815.

qui, nous l'avons démontré, est un pour les Ampélidées proprement dites, il est impossible de considérer comme inexplicable dans la Vigne ce qui est si logique et si compréhensible dans la Vigne vierge.

Si, dans cette dernière plante, les vrilles ou bourgeons transformés ont leurs écailles comprises dans le même plan que les feuilles de l'arc principal, c'est que celles des bourgeons normaux sont disposées de même. Par contre, si cette corrélation ne se manifeste plus dans la Vigne, c'est que, par une certaine dégradation, le plan général demeuré le même pour la vrille a cessé de se reproduire dans les bourgeons normaux. Ces derniers, par l'orientation de leurs feuilles, ont fait retour au type ordinaire des bourgeons axillaires et, ce faisant, ils se sont écartés du plan rationnel tel qu'on le retrouve dans certaines Ampélidées, particulièrement dans la Vigne vierge ; plan d'après lequel bourgeons normaux et vrilles doivent subir des modifications de même ordre, et pour ainsi dire judicieusement coordonnées. Aussi, dût cette opinion sembler paradoxale, nous ne pouvons envisager ce retour des bourgeons à l'état habituel que comme une anomalie, une dégénération, une dégradation du vrai type des Ampélidées, qui par son essence même diffère totalement de ce que nous présente la généralité des végétaux.

Nous le reconnaissons, les faits nouveaux que nous avons mis en lumière apportent comme une sorte d'appoint à la théorie ancienne d'après laquelle la vrille devait être considérée comme l'axe principal déjeté par le bourgeon axillaire. En effet, puisque dans la Vigne vierge le rameau principal, les vrilles, les bourgeons, présentent tous leurs feuilles dans le même plan, rien ne s'oppose en principe à ce que l'axe du rameau puisse résulter de la superposition d'un certain nombre d'axes de degrés différents, ainsi que l'admettait Aug. Saint-Hilaire. Il subsistera néanmoins trop de faits contraires aux idées de ce savant pour qu'elles puissent espérer prévaloir de nouveau. Reportons-nous en effet au dessin schématique que nous donnons d'un rameau de Vigne vierge (pl. II, fig. 1), et supposons pour un instant que la vrille 2 soit l'axe principal déjeté. Vis-à-vis d'elle se trouve la feuille B dont le bourgeon axillaire se sera développé pour continuer le rameau. Jusqu'ici l'interprétation est possible. Mais qu'au lieu de la vrille 2, on examine la vrille 1' et la feuille C qui lui est opposée. On trouvera à l'aisselle de cette dernière deux bourgeons, un prompt bourgeon simple et un bourgeon dormant composé, lesquels n'existent point à l'aisselle de la feuille B. D'où vient cette différence ? La théorie ne peut que rester muette à cet égard. Mêmes difficultés d'ailleurs relativement à la Vigne, de telle sorte qu'il n'existerait pas un seul type d'Ampélidée pour lequel cette théorie puisse apporter une explication complète. Nous nous trompons ; il en est un pour lequel l'interprétation morphologique pourrait à la rigueur sembler satisfaisante. C'est celui que représentent les *Vitis Labrusca*, *vulpina*, etc., dans lesquels il existe à chaque nœud une vrille et des bourgeons semblablement disposés. On pourrait admettre que la vrille étant l'axe principal déjeté à chaque nœud indistinctement, chaque feuille porte un nombre égal de bourgeons axillaires, et que le rameau s'allonge grâce au développement de l'un d'eux, phénomène qui se répéterait à chaque nœud. Mais on jugera bientôt de la valeur qu'il faut accorder à cette interprétation, et par conséquent de celle des idées d'Aug. Saint-Hilaire sur ce sujet trop longtemps débattu.

M. Lestiboudois, qu'un examen plus complet aurait peut-être conduit aux idées que nous soutenons ici, formule avec hésitation la théorie suivante, qu'il n'appuie d'ailleurs d'aucun argument convaincant : « Il serait, dit-il (1), plausible de penser que la » vrille est un *deuxième* bourgeon axillaire superposé au bour- » geon ordinaire, comme dans l'*Aristolochia Sipho*, mais considé- » rablement élevé au-dessus de lui, et ne faisant éruption que » vis-à-vis de la feuille supérieure. »

Mais si l'on se reporte à l'organisation de la Vigne, et que pre-

(1) *Loc. cit.*, 816.

nant pour point de départ les idées de M. Lestiboudois, on tente de l'interpréter, on ne réussira pas à le faire. Comment expliquer en effet, d'une part la présence d'une vrille à certains nœuds spéciaux, tandis que d'autre part toutes les feuilles portent à leur aisselle des bourgeons partout identiquement constitués?

L'organisation de la Vigne vierge n'est pas plus explicable que celle de la Vigne. Comment, si chaque vrille provient d'un bourgeon axillaire superposé au bourgeon ordinaire de la feuille *immédiatement* inférieure, ainsi que le veut M. Lestiboudois, comprendre que la feuille B (pl. II, fig. 1) n'offre point de bourgeons axillaires, tandis que la feuille D présente à son aisselle tout à la fois un prompt bourgeon simple et un bourgeon hibernant composé? Assurément, le vice capital de l'explication de M. Lestiboudois consiste en ce qu'il n'a vu dans la situation de la vrille, bien au-dessus de la feuille, qu'un fait analogue à celui qui se passe dans le Noyer, l'Aristoloche, etc., et non pas un phénomène de soulèvement, le bourgeon demeurant conné avec l'axe principal suivant un trajet plus ou moins considérable; idée qui lui eût permis de comprendre comment la vrille 2' (pl. II, fig. 1), par exemple, pouvait répondre morphologiquement à l'aisselle de la feuille B, tout aussi bien que la vrille 1'.

Comme celles d'Aug. Saint-Hilaire, les idées de M. Lestiboudois ne trouvent leur application que dans un cas unique représenté par l'arrangement réciproque des vrilles et des bourgeons, tel que le montrent les *Vitis Labrusca*, *vulpina*, etc. Rien, en effet, ne paraît plus simple et plus juste qu'une hypothèse ainsi formulée : Les vrilles et les feuilles étant distiques et chaque nœud présentant une vrille et des bourgeons pareillement disposés, chaque vrille est un bourgeon anormal répondant morphologiquement à l'aisselle de la feuille qui lui est *immédiatement* inférieure.

Mais il se trouve qu'en dehors des théories d'Aug. Saint-Hilaire et de M. Lestiboudois, celle de M. Prillieux, envisagée en faisant abstraction de toute considération purement analomique, suffit, elle aussi, pour donner une interprétation morphologique satisfaisante de la vrille dans un seul cas, un cas unique, le même précisément. En effet, toutes les difficultés qui surgissaient à propos de la Vigne et de la Vigne vierge disparaissent ici grâce à la régularité parfaite que montrent les *Vitis Labrusca* et *vulpina*, et l'on peut admettre, sans qu'une réfutation directe soit à craindre, qu'à chaque nœud il s'est produit une partition pour donner naissance aux vrilles qui apparaissent régulièrement vis-à-vis de chaque feuille.

Si nous ajoutons que les idées soutenues par nous se confondent en quelque sorte avec celles de M. Lestiboudois, quand il s'agit des mêmes Ampélidées, on se trouvera en présence de ce cas au moins singulier : l'interprétation d'un même fait par plusieurs hypothèses diamétralement opposées, interprétation qui paraît se déduire de chacune d'elles avec une logique presque égale. Les plantes en question sont en effet comme une sorte de point central où l'on peut aboutir par des voies différentes et complétement opposées. Or, on en conviendra, quand dans toute une série de plantes constituées de telle sorte que l'on passe d'un terme à l'autre sans constater de lacunes importantes, il se rencontre un type d'une organisation assez ambiguë pour que des théories bien distinctes en puissent, presque à titre égal, revendiquer l'interprétation, il n'y a qu'un parti à prendre pour qui veut une solution précise. Il faut de toute nécessité laisser de côté ce terme de la série comme ne pouvant conduire à rien de positif, et s'adresser à un autre qui, grâce à la complexité de son organisation, ne satisfasse plus qu'à l'une des théories en présence et élimine toutes les autres.

Si donc on peut affirmer que toute théorie dont l'unique critérium sera l'interprétation des phénomènes dont les *Vitis Labrusca*, *vulpina*, etc., sont le siége, devra être considérée comme insuffisante ou fausse, et conséquemment non avenue, on doit par cela même reconnaître que les hypothèses de M. Prillieux et d'Aug. Saint-Hilaire, celle même de M. Lestiboudois, qui cependant constituait un progrès, doivent être abandonnées.

En résumé, les faits exposés dans le courant de ce chapitre et des chapitres précédents nous autorisent à regarder comme démontré : 1° que les Ampélidées proprement dites, malgré les apparences, se trouvent nécessairement construites sur le même plan, plus ou moins modifié, mais jamais essentiellement ; 2° que la vrille ne peut être et n'est en réalité qu'un bourgeon entraîné, répondant morphologiquement à l'aisselle d'une feuille inférieure.

Il nous reste une dernière question à élucider.

Dans l'étude générale des familles, on rencontre souvent des types floraux simples, autour desquels viennent se grouper les genres voisins, par complications ou dégradations successives. Pourquoi n'en serait-il pas de même pour la famille des Ampélidées, envisagée seulement par rapport aux phénomènes dont la vrille est le siége?

Pourquoi, au milieu des variations multiples des bourgeons, des vrilles, des inflorescences, parmi tant d'espèces qui semblent d'abord si disparates à certains points de vue, ne se trouverait-il pas un type autour duquel viendraient se grouper tous les autres, qui expliquerait leurs degrés divers de perfectionnement ou d'amoindrissement, type enfin qui servirait de base à ce qu'on pourrait appeler la réédification morphologique de chacun d'eux?

A la vérité, le type en question peut avoir disparu, comme tant d'autres. On sait que les *Vitis* et les *Cissus* ne datent point de la période actuelle, mais existaient déjà à des époques fort reculées. Il peut en outre s'être modifié ; mais ce sont de simples hypothèses auxquelles un botaniste ne saurait s'arrêter tant qu'il n'a point, en nombre suffisant, des matériaux qui lui permettent de soutenir l'une ou l'autre de ces opinions. Nous avons d'ailleurs tout lieu d'espérer que ces matériaux pourront être un jour réunis. On retrouve en effet la trace des Ampélidées dans la plupart des couches qui se sont succédé depuis l'origine des terrains tertiaires jusqu'à nos jours. Le terrain quaternaire nous montre le *Vitis vinifera* absolument tel, paraît-il, qu'il croît encore aujourd'hui. Dans le pliocène inférieur, le marquis Carlo Strozzi a décrit le *Vitis Ausoniæ* d'après des empreintes de feuilles recueillies dans les travertins de San-Vivaldo, en Toscane. Le miocène inférieur renferme les *Vitis teutonica* Al. Braun, et *Brauni* R. Ldwg. Dans les travertins de Sézanne, qui appartiennent à l'éocène inférieur, M. de Saporta a rencontré les empreintes des feuilles de deux Ampélidées qu'il a nommées *Cissus primæva* et *ampelopsidea*. Tout récemment enfin, dans la même localité, M. Munier Chalmas a découvert non plus seulement de simples empreintes de feuilles, mais des vrilles gardant encore leur enroulement primitif, et un fragment de tige présentant un nœud vers le milieu de sa longueur. Sur ce fragment les stries longitudinales caractéristiques des Vignes avaient gardé toute leur netteté primitive; malheureusement la cicatrice laissée par la vrille en se détachant demeurait seule visible, et nous n'avons pu, à notre grand regret, faire aucune observation sur la répartition des bourgeons. L'habile géologue à qui l'on doit cette découverte ayant pu, en coulant du plâtre dans certaines excavations de la roche, obtenir des moules d'insectes admirablement conservés, et de fleurs munies de toutes leurs étamines, il paraît presque certain que de nouvelles recherches donneraient lieu à de nouvelles trouvailles plus complètes et plus instructives. Il n'est pas douteux en effet qu'une roche qui a gardé l'empreinte d'un animal aussi peu consistant qu'une chenille et celle d'un organe aussi délicat que l'étamine, ait également pu conserver avec tous leurs détails les robustes bourgeons d'une Ampélidée.

Quoi qu'il en soit, puisque nous en sommes réduits aux conjectures sur le type primordial des Ampélidées, et que nous ne pouvons actuellement savoir s'il se rapprochait de celui de la Vigne vierge ou de celui de la Vigne commune, s'il était régulier comme celui du *Vitis Labrusca*, ou bien s'il réunissait en une même plante des formes diverses, comme celui de l'*Ampelopsis humulifolia*, à défaut de documents paléontologiques, nous devons consulter ceux que nous offre la nature actuelle.

Or, nous l'avons montré, il n'existe aucune Ampélidée qui se prête aussi facilement que la Vigne vierge, malgré son apparente complication, à une interprétation morphologique satisfaisante. La distribution corrélative des bourgeons et des vrilles s'y explique par l'hypothèse du soulèvement de certains bourgeons axillaires, et ne saurait s'expliquer, remarquons-le bien, par aucun autre. On retrouve en outre, soit dans les inflorescences, soit dans les vrilles de cette plante, certaines particularités d'organisation analogues à celles des ramifications d'autres Ampélidées et grâce auxquelles on peut, par transitions à peine sensibles, passer de l'organisation de la Vigne vierge à celle de la Vigne commune, et de cette dernière à celle du *Vitis Labrusca*. L'*Ampelopsis humulifolia*, en reproduisant fréquemment sur le même pied, ainsi que nous l'avons fait connaître, les phénomènes dont les plantes précédentes sont le siége, prouve d'ailleurs qu'il n'existe aucune différence radicale entre des formes très-variées cependant. Nous nous trouvons ainsi amené à cette conclusion, que si la Vigne vierge est la plante qui traduit avec le plus de netteté le type de l'Ampélidée, l'*Ampelopsis humulifolia* est celle qui reproduit le plus complétement les modifications secondaires éprouvées par ce type. On peut donc dire que l'étude de ces deux végétaux résume, à quelques détails près, et au point de vue spécial auquel nous nous sommes placé, celle de toutes les autres Ampélidées.

VII

DE L'INFLORESCENCE DES LEEA.

C'est à juste titre que les *Leea* ont été rangés dans une section spéciale, différente de celle des Ampélidées proprement dites, laquelle comprend, comme on le sait, les *Cissus*, les *Vitis*, les *Ampelopsis* et les *Pterisanthes*. Ils s'éloignent en effet de ces derniers genres, non-seulement par leur ovaire quinquéloculaire, leur corolle monopétale, leurs stipules transformées en ailes connées avec le pétiole, mais encore, et c'est ce qu'il nous reste à montrer, par la nature de leur inflorescence.

Quand on caractérise les *Leea* et qu'on les représente comme dépourvus de vrilles, on admet néanmoins que si leurs inflorescences sont oppositifoliées, elles le sont pour la même cause que celle des Ampélidées proprement dites. Conséquemment, d'après les idées que nous soutenons, il faudrait supposer que, chez les *Leea*, l'inflorescence, répondant morphologiquement à l'aisselle d'une feuille inférieure, s'est, par une sorte d'entraînement, élevée jusqu'au niveau d'une feuille supérieure. Les faits toutefois nous semblent en désaccord avec cette hypothèse. Pour nous, s'il n'existe pas de vrilles chez les *Leea*, c'est que les bourgeons entraînés y font défaut. Aussi l'inflorescence ne nous paraît-elle être que l'axe primaire déjeté.

Étudions comparativement, pour mieux nous en rendre compte, ce qui se passe chez les *Leea* et chez les Ampélidées proprement dites. Quand, dans un *Vitis*, par exemple, une inflorescence se trouve en opposition avec une feuille, toutes deux s'insèrent sur un axe peu différent comme taille, au-dessus de leurs points d'attache, de ce qu'il est au-dessous. En d'autres termes, l'axe principal s'effile insensiblement de bas en haut et ne se termine jamais subitement au niveau de l'inflorescence. Chez les *Leea*, les choses se passent autrement. Le *Leea sambucina* WILLD. a des feuilles décomposées-pennées très-développées. Au point où une inflorescence se montre en opposition avec l'une des feuilles, cette dernière, bien que située presque à l'extrémité du rameau, a conservé des proportions considérables. Au lieu de l'axe allongé qui, dans le *Vitis*, continue le sarment au-dessus de la grappe et de la feuille, on ne trouve plus en général entre la feuille et l'inflorescence, même bien développée, qu'un bourgeon, souvent encore caché dans la gouttière, longue de 2 ou 3 centimètres, que constituent les stipules adhérentes à la base du pétiole. Peut-on considérer ce bourgeon comme la continuation du sarment? Comment supposer qu'une feuille largement étalée puisse avoir son insertion réelle sur l'axe d'un bourgeon caché dans son aisselle? Ne prend-elle pas attache au contraire sur celui que termine l'inflorescence, et le bourgeon n'est-il point un simple bourgeon axillaire, au lieu d'être le bourgeon terminal du rameau?

Ce que nous avons observé chez le *Leea staphylea* Roxb. vient encore à l'appui de cette opinion. Dans cette plante, le bourgeon placé entre l'inflorescence et la feuille s'est lui-même transformé en une inflorescence que la feuille, très-robuste dans cette espèce, rejette sur le côté. Au lieu d'une seule inflorescence oppositifoliée, il paraît alors exister deux inflorescences latérales, dont le déplacement se trouve ainsi sous la dépendance de la feuille de la façon la plus manifeste.

Quelle que soit d'ailleurs la valeur des faits qui précèdent, nous ne nous dissimulons pas qu'il appartient à l'organogénie seule d'infirmer ou de corroborer en dernier ressort notre manière de voir. Elle seule en effet peut nous apprendre si l'inflorescence est l'axe primaire déjeté, ou bien un simple bourgeon axillaire. La vrille et l'inflorescence sont latérales chez les autres Ampélidées, dès leur première apparition sous forme d'un mamelon celluleux. En est-il autrement chez les *Leea*? L'inflorescence y est-elle primitivement terminale? Telle est la question facile à trancher pour qui disposerait de *Leea* vivants et pourvus de bourgeons florifères, mais qu'il nous a été impossible de résoudre d'après des échantillons d'herbier, les seuls que nous ayons eus à notre disposition.

EXPLICATION DES FIGURES.

Planche I.

Fig. 1. Portion de rameau de Vigne vierge montrant le bourgeon anticipé A et le bourgeon dormant B. — Les deux stipules de la première feuille du bourgeon anticipé sont situées dans un plan perpendiculaire à celui des feuilles du rameau. Donc les feuilles du bourgeon anticipé qu'elles tiennent cachées se trouvent dans le même plan que celles du rameau. — Gr. $\frac{3}{1}$.

Fig. 2. Fragment de rameau de *Vitis cordifolia*. —V, vrille; F, feuille; A, bourgeon axillaire anticipé dont les feuilles sont orientées comme celles du rameau. — Gr. $\frac{3}{1}$.

Fig. 3. Fragment de rameau de Vigne commune. — A, prompt bourgeon; B, bourgeon hibernant. Les feuilles du bourgeon A sont dans un plan perpendiculaire à celui des feuilles du rameau. — Gr. $\frac{3}{1}$.

Fig. 4. Dessin montrant que les écailles O, T, de la vrille très-jeune sont situées dans le même plan que les feuilles du rameau, M étant une de ces feuilles. — R, vrille secondaire née sur la vrille primaire. — Gr. $\frac{12}{1}$.

Fig. 5. Fragment de rameau de Vigne dépouillé de son écorce. — A, bourgeon anticipé déjà développé en un rameau allongé. B', B'', B''', bourgeons de générations différentes qui constituent le bourgeon dormant, et dont toutes les feuilles sont orientées comme celles du rameau principal. O, O, deux des faisceaux qui se rendent à la feuille, laquelle a été enlevée avec l'écorce. — Gr. $\frac{3}{1}$.

Fig. 6. Section oblique pratiquée sur un rameau de Vigne vierge et passant par la base des bourgeons axillaires, pour montrer leur distribution réciproque. — A, prompt bourgeon. B', B'', B''', etc., bourgeons de générations différentes qui composent le bourgeon hibernant. — Gr. $\frac{2}{1}$.

Fig. 7. Section analogue à la précédente, mais prise en un point inférieur pour faire voir comment l'axe ligneux principal se relie aux axes ligneux du bourgeon anticipé A et des petits bourgeons B', B'', B''', etc., qui entrent dans la constitution du bourgeon dormant. — Gr. $\frac{2}{1}$.

Fig. 8. Écaille de la vrille de la Vigne vierge. — P, pointe médiane correspondant à la feuille, tandis que les deux oreillettes latérales, dans chacune desquelles se rend une nervure spéciale, représentent les stipules qui ont contracté adhérence avec elle. — Gr. $\frac{9}{1}$.

Fig. 9. Portion de rameau de Vigne vierge dépouillé de son écorce. — G, section du pédicule qui sert de support commun aux bourgeons axillaires. Le grand axe de ce pédicule est transversal. — Gr. $\frac{1}{1}$.

Fig. 10. Dessin analogue au précédent, représentant les mêmes parties dans la Vigne commune. — Le grand axe du pédicule G est à peu près longitudinal. — Gr. $\frac{1}{1}$.

Fig. 11. Fragment de rameau de Vigne commune dépouillé de son écorce. — A, bourgeon anticipé. B, B'', B'', bourgeons de deux générations différentes qui constituent le bourgeon dormant. Les feuilles du bourgeon B sont orientées comme celles du rameau. Celles des bourgeons B'', B'', au contraire, leur sont perpendiculaires. — Gr. $\frac{3}{1}$.

Planche II.

Fig. 1. Dessin schématique représentant un rameau de Vigne vierge et indiquant les rapports qui existent entre les feuilles dépourvues de bourgeons axillaires normaux et les différents systèmes binaires de vrilles. — Les vrilles 1', 2', dérivent des bourgeons de la feuille B; les vrilles 1'', 2'', de ceux de la feuille E; les bourgeons des feuilles H et L ont donné respectivement naissance aux systèmes de vrilles 1''' et 2''', 1'''' et 2''''. Les feuilles A, C, D, F, G, I, K, M, O, présentent toutes deux bourgeons axillaires normaux, tandis que les feuilles B, E, H, L, P, en sont naturellement dépourvues.

FIG. 2. Schéma de l'influence de la Vigne vierge. — A, A', écailles alternes sur l'axe principal de l'inflorescence, en face desquelles s'insèrent les axes secondaires B, B', qui sont des vrilles secondaires fructifères. L'axe secondaire B porte lui-même, vis-à-vis de l'écaille A'', un axe tertiaire B'', qui n'est qu'une vrille tertiaire devenue fructifère.

FIG. 3. Schéma d'une vrille de Vigne commune dont la branche de bifurcation B est passée à l'état d'inflorescence et ne présente plus que des bourgeons normalement développés (en forme de fleurs) à l'aisselle des écailles A'', A'', A''. L'autre branche de bifurcation, en sa qualité de vrille, porte seulement un bourgeon anormalement développé et soulevé pour constituer la vrille secondaire B', située en face de l'écaille A', qui n'offre point de bourgeons axillaires normaux.

FIG. 4. Schéma de l'inflorescence de la Vigne commune. — Le rachis porte les écailles opposées A, A et A'', A''. Les axes secondaires n'apparaissent plus, comme dans la Vigne vierge, en face des écailles, mais à leur aisselle même, et dérivent par conséquent de bourgeons normaux, contrairement à ce qui a lieu dans la Vigne vierge.

PARIS. — IMPRIMERIE DE E. MARTINET, RUE MIGNON, 2

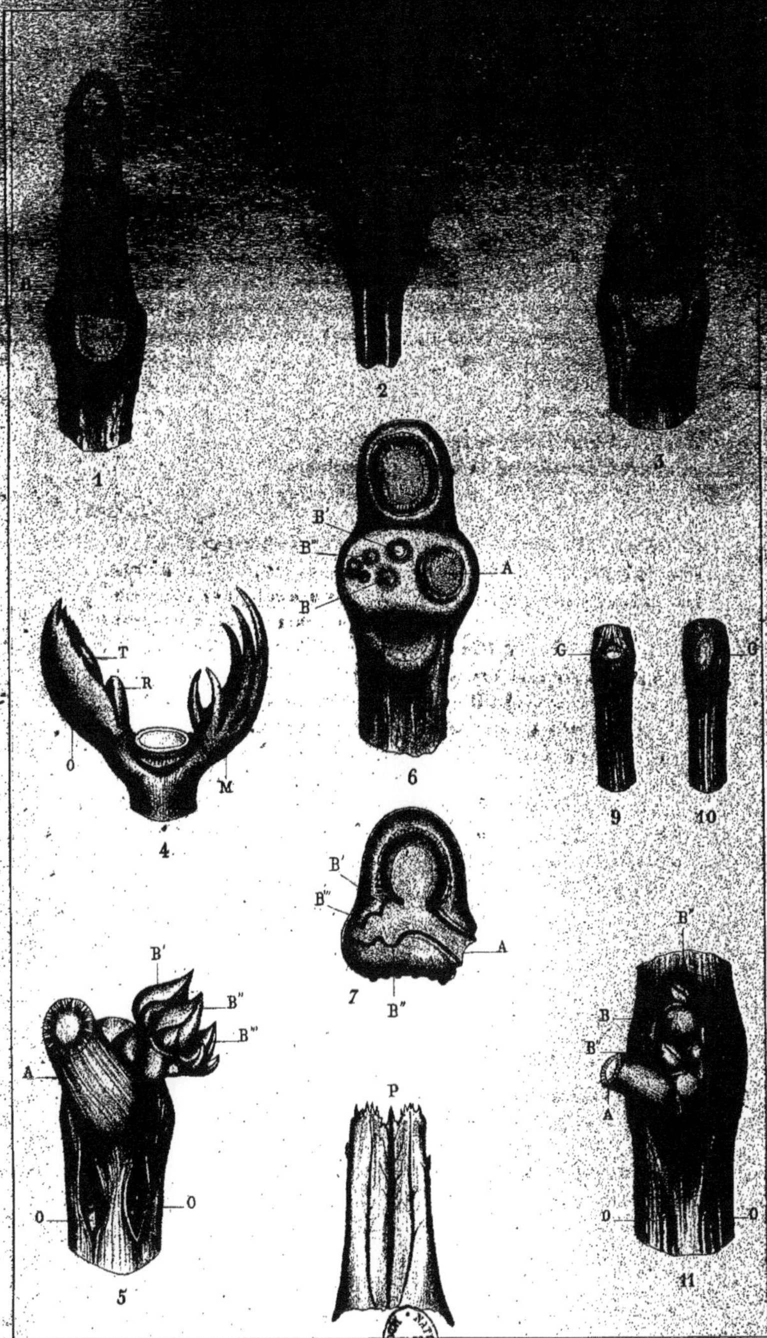

Arnoul lith.

Imp. Becquet Paris.

Bourgeons et Vrilles des Ampélidées.

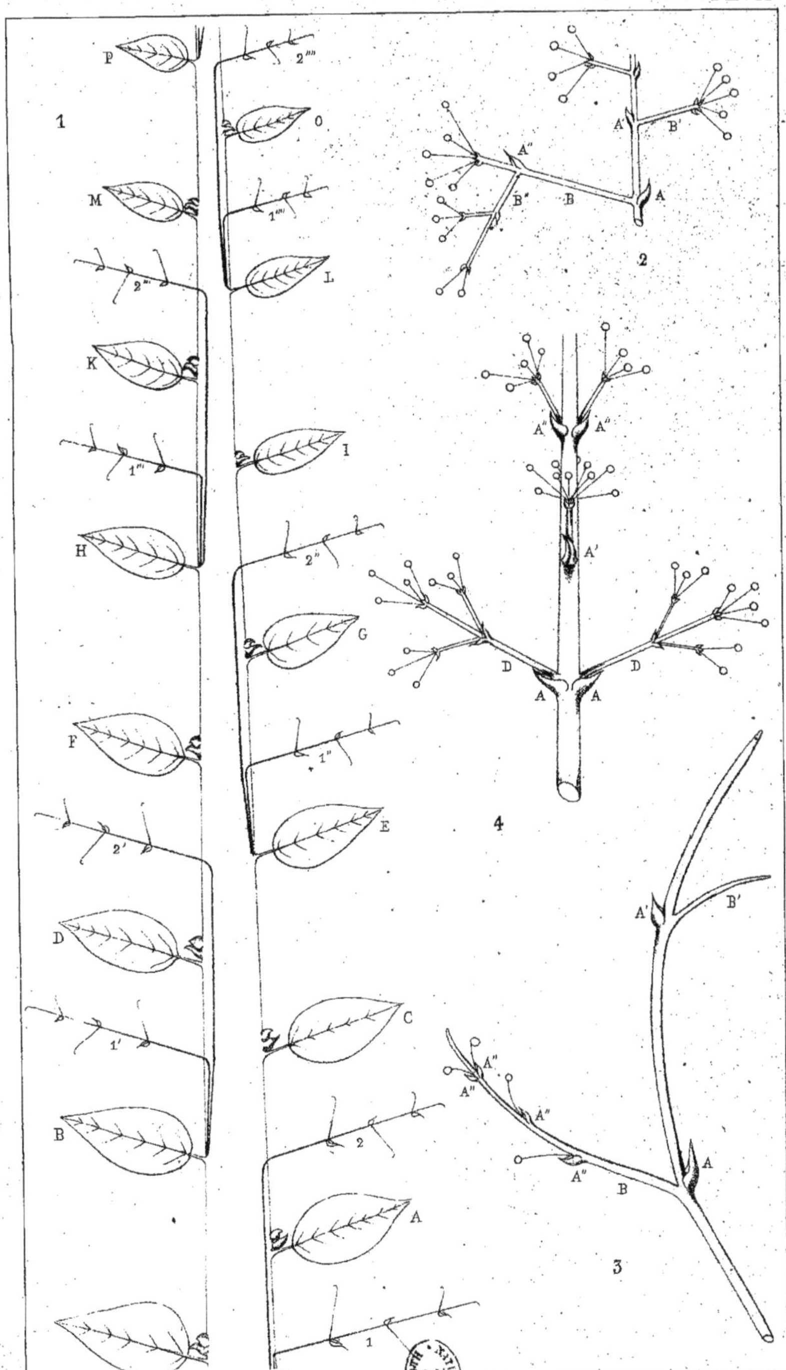

Arnoul lith.

Imp. Buquet, Paris.

Vrilles et inflorescences des Ampélidées.

www.ingramcontent.com/pod-product-compliance
Ingram Content Group UK Ltd.
Pitfield, Milton Keynes, MK11 3LW, UK
UKHW021115290826
14628UKWH00014B/2205

9 782014 021769